当代建筑节能理论与政策论丛

中国终端能耗与建筑节能

张　丽　编著

中国建筑工业出版社

图书在版编目(CIP)数据

中国终端能耗与建筑节能/张丽编著. —北京：中国建筑工业出版社，2006
(当代建筑节能理论与政策论丛)
ISBN 978-7-112-08681-8

Ⅰ.中… Ⅱ.张… Ⅲ.建筑—节能—研究—中国
Ⅳ.TU111.4

中国版本图书馆 CIP 数据核字(2006)第 122937 号

责任编辑：郑淮兵　张　晶
责任设计：崔兰萍
责任校对：张景秋　王雪竹

当代建筑节能理论与政策论丛
中国终端能耗与建筑节能
张　丽　编著
*
中国建筑工业出版社出版、发行(北京西郊百万庄)
新　华　书　店　经　销
北京天成制版公司制版
北京二二〇七工厂印刷
*
开本：787×960 毫米　1/16　印张：13　字数：255 千字
2007 年 1 月第一版　　2007 年 1 月第一次印刷
印数：1—3000 册　　定价：**28.00** 元
ISBN 978-7-112-08681-8
(15345)

本社网址：http：//www.cabp.com.cn
网上书店：http：//www.china-building.com.cn

内容提要

本书围绕“贯彻落实科学发展观，建设节约型社会”这一发展目标，对中国终端能耗和建筑节能的现状展开研究，希望探索一条可行的建筑节能未来发展之路。当前，中国的建筑产品还处于能耗大、能效低、污染重的现状，由于节能意识薄弱、节能体制不健全、节能市场不完善、节能激励机制缺乏，导致节能标准难以贯彻实施、建筑节能工作进展缓慢。现阶段，建筑节能市场尚无法正常发挥资源配置的基础性作用，还需政府运用政策手段进行间接干预与调控。本书结合中国的实际情况，从经济激励机制的角度出发，构建适用于建筑节能的经济激励政策体系，以期促进中国建筑节能步伐的迈进，推动中国可持续发展战略的实施。

编委会

序

能源是国民经济发展的原动力，是现代社会文明的物质基础，安全、可靠的能源供应和高效、清洁的能源利用是实现社会经济持续发展的根本保证。当前，能源短缺和能源消费引起的环境污染已经成为制约全球经济增长和社会进步的重要障碍。世界各国普遍把可持续发展作为未来发展模式的同时，中国作为世界上最大的发展中国家，也积极提出了中国可持续发展战略。而节约利用能源、降低能耗损失、提高能源效率和开发利用新能源的能源可持续发展战略是中国可持续发展战略的关键环节。能源节约和环境治理属于市场失灵的领域，市场无法自主发挥资源配置的基础性作用，因此，政府对市场主体节能行为的宏观调控必不可少。中国自 20 世纪 80 年代起，就开展了大规模的以工业领域为主的节约能源和提高能源利用效率等一系列工作，并取得了一定成就。但是，与国外发达国家相比，中国在节能领域的研究明显不足、范围过于狭窄，节能步伐严重滞后。如何将理论与实践相结合，有效地推动节能战略的实施，是现今中国政府亟待解决的重要问题。

在中国社会总产品的终端能耗中，建筑能耗所占比例正在迅速上升。随着社会经济的发展和城镇化进程的加快，建筑能耗将逐渐超过工业能耗和交通能耗，而位居社会三大重要能耗之首。建筑物的采暖、通风、空调和照明等设施是能源消耗的主要载体，同时也是温室气体的主要排放源，目前，建筑物中的二氧化碳排放量已占到全国用能排放量的 1/4，建筑用能对于全球气候变暖具有较大的影响。因而，转变依靠资源消耗来获得经济增长的传统观念，加强建筑节能工作，对中国的能源可持续发展具有十分重要的战略意义。

张丽博士所撰写的著作代表着国内学者在建筑节能领域研究的最新成果。作者自博士入学伊始，就致力于建筑节能理论和实践方面的研究，经过几年的潜心钻研，从可持续发展理论、外部性理论和公共选择理论等方面，对能源政策进行了全面系统的理论基础研究；分析了中国能源供求和能源效率的发展现状，由此归纳出制定和实施节能战略的必要性和紧迫性，并构筑了一套融经济效益、社会效益和生态效益为一体的节能效益评价指标体系；在此基础上，针对建筑物的特殊性质，深入到建筑节能领域，探讨了中国建筑节能的工作进展及其与国外发达国家之间的差距，深刻剖析了中国建筑节能存在的问题及具备的潜力，并运用博弈论方法，对建筑节能领域中的相关主体——政府、开发商和消费者进行了动态博弈分析；最后，从经济激励角度出发，结合案例分析，对中国建筑节能经济激励政策的制订提出了中肯的建议。

张丽博士在攻读博士学位期间，参与了能源经济以及建筑和房地产领域的众多课题，特别是作为国家十五科技攻关课题“太阳能建筑应用市场激励机制和投资模式研究”（编号 2002BA405B01-301）和“太阳能建筑应用国内外对比研究/技术经济分析”（编号 2002BA405B01-303）的主要参加者，为课题研究付出了大量的心血。同时，跟随建设部科技司参与了中国与 UNDP/GEF 合作项目“中国终端能源效率项目（EUEEP）——建筑包（B 部分）”的项目申报工作，以及《建筑节能管理条例》的调研、论证和编写工作。在持续多年的研究中，她查阅了大量的与课题研究内容相关的国内外文献资料，精心研读了许多专家学者的理论著作，高质量地完成了研究报告，同时在国内外期刊上发表了多篇文章。并在上述研究的基础上，撰写了她的博士学位论文。其博士论文得到了评阅人和答辩委员会专家的一致好评。

本书正是在她博士学位论文的基础上，经过精心的整理、补充和修改而成的。希望本书的出版，能够激发更多的学者对建筑节能领域研究的兴趣，从理论和实践方面共同推动中国建筑节能事业的发展。作为上述课题的负责人和作者的导师也希望她再接再厉，在该领域作出更大的贡献，不断有新的研究成果问世。

2006 年 9 月 30 日

目　录

第一章 绪论

第一节 问题的提出

随着能源危机和全球气候变暖问题的日益严重，世界各国都在寻求控制气候变化、改善生态环境的解决措施。以提高能源利用效率、促进温室气体减排为宗旨的节能工作成为政府解决能源和环境问题的主要任务。中国的建筑节能正是在这样的背景下新兴起来的一个具有现实价值、研究潜力巨大的重要课题。

一、研究背景

当今世界各国的发展过程中，都不可避免地遇到了阻碍社会和经济发展的严峻问题——能源危机与环境污染。能源不仅为人类生活提供了必不可少的物质条件，而且以生产要素的身份投入到生产过程中，是社会和经济发展的基础。传统的工业发展模式下，由于人类忽视了对能源利用效率的重视，经济增长是以大量消耗能源及牺牲生态环境为代价的。20 世纪 70 年代爆发了两次严重的石油危机，石油价格的暴涨给西方发达国家的经济造成巨大的冲击，从而引发了一场规模庞大的经济危机。根据美国经济学家的估计，1973 年的第一次石油危机使美国国内生产总值增长率下降了 4.7 个百分点，而 1979—1980 年的第二次石油危机使美国国内生产总值增长率下降了 3 个百分点。危机过后，各个国家都开始寻求能源问题的解决对策，重新修改国家能源战略和经济发展政策，节能成为各国普遍采纳的有效措施，并立即发展为能源政策的重点战略。据世界上能够统计到的已确知能源储备，煤炭储量能满足 200 年的需求；天然气储量能满足 60 年的需求；常规石油储量仅能满足 20 年的需求，能源危机已成为世界各国关注的焦点[1]。而在中国，部分地区石油、煤炭、电力三大能源支柱的紧缺更使得政府意识到解决能源问题的迫切性。与此同时，在能源获取和利用的过程中，人类又遇到了第二个难题——环境污染问题。属于不可再生资源的化石燃料，燃烧时排放出以 CO_2 为主的温室气体，成为导致温室效应的主要原因。温室效应引起的全球气候变暖，将导致海平面上升、自然灾害频繁、农作物生长环境恶化、生物多样性丧失、水资源紧缺以及人类健康受到危害。为了人类当前生活环境的改善和今后子孙后代的生存繁衍，以“可持续发展”为主题的保护生态环境、合理利用自然资源等一系列活动已在全球范围内展开。中国政府也制定了能源可持续发展战略，提出“资源开发与节约并举，把节约放在首位，提高资源利用率”的指导方针，其中减少温室气体排放、降低能耗损失、提高能源使用效率是实现能源可持续发展战略的关键环节。

建筑物是人类工作、学习和生活的基本场所。建筑物中的采暖、通风、空调、炊具和照明等设施是能源消耗的主要载体，同时也成为温室气体的主要排放源。世界各国的平均建筑能耗已经占到社会商品总能耗的 1/3 左右，中国 2001 年该比例达到 27.5%，但随着城市化进程不断推进，人民生活水平不断提高，城镇建设将保持高速发展，根据发达国家经验，未来建筑能耗在社会商品总能耗中的比例必将会上升到 35%左右[2]。建筑能耗在社会商品总能耗中的较大比重决定了提高建筑能源利用效率在降低全社会能源消耗、实现可持续发展战略中的重要地位。目前中国的建筑能耗存在以下几个方面的问题：第一，结构不合理，多数城市仍以燃煤作为取暖的主要方式；第二，利用效率低，与气候条件接近的西欧或北美国家相比，中国住宅的单位采暖建筑面积一般要多消耗 2～3 倍以上的能源，而且舒适性较差；第三，环境污染严重，由建筑能耗产生的温室气体排放量占温室气体排放总量的 1/4 左右。虽然自 20 世纪 80 年代以来，中国政府已认识到建筑节能的重要性，开展了一系列建筑节能工作，并出台了相关的建筑节能设计标准，但因缺乏相应的政策扶持和激励机制，致使节能效果不佳。截止 2000 年底，能够达到建筑节能设计标准的建筑累计仅占全部城乡建筑总面积的 0.6%，绝大部分新建建筑仍然是高能耗建筑。在这种状况下，采取各种措施加快建筑节能工作步伐，扩大节能建筑的建设规模是十分迫切而且必要的。

二、研究意义

本书研究具有重要的理论和现实意义。

在理论方面，中国作为发展中国家，正处于经济转轨的重要时期，各项经济政策的制定都需要有正确的理论依据，对中国的能源政策及节能经济激励机制进行理论基础研究，将对中国节能政策乃至整个能源可持续发展战略的制订和实施产生深远的影响。

在现实方面，具有以下意义：

（一）加速国家相关节能政策出台

目前中国尚缺乏针对能源节约和可再生能源利用的相关政策和激励机制，对于具有外部性的市场失灵领域，政府没有及时进行有效的管理和调控，无法通过经济杠杆的作用推动可持续发展目标的实现。本书探讨在能源危机和环境污染领域，政府通过间接手段参与市场运行的重要性，为政府制定建筑节能及其他领域的节能政策提供理论依据，必将促使中国相关节能政策早日出台。

（二）推动建筑节能标准贯彻

已颁布的建筑节能标准贯彻率低的主要原因在于市场主体只注重眼前的经济利益，缺乏长远战略的节能意识。建筑节能标准在实施过程中，需采用新型节能技术和产品，这必然会增加初始投资成本，节能建筑的这部分增量成本最终包含在销售价格中，而消费者在选择建筑产品时，只比较初始投资而忽略未来的使用成本，致使节能建筑销路不畅。若无任何激励政策和补偿措施，供应商会完全按照市场供求规律提供商品，在目前以销定产的市场规律下，建设节能建筑对其吸引力较弱。但当国家制定了财政补贴、税收、信贷等一系列经济激励政策后，增量成本通过各种方式予以抵消，市场主体双方从自身的利益最大化目标出发，会积极主动地选择节能建筑，因此将有助于推动建筑节能标准的贯彻。

（三）促进可持续发展战略实施

调整能源结构、提高能源使用效率是解决能源和环境问题的关键。通过对能源、经济、环境三者之间相互影响、相互依赖关系的研究，必会加强政府管理人员对能源节约的重视程度，提高全社会的节能和环保意识。在此基础上，将推出大批节能环保型建筑，由此大大降低建筑物的高能耗，缓解温室气体排放量的快速增长，可从根本上防范能源短缺的危机和抑制生态环境的恶化，加快中国可持续发展的步伐，最终达到经济系统、社会系统和生态系统的和谐统一。

（四）拉动国民经济增长

能源短缺和环境污染均严重阻碍了经济的增长，成为经济和社会可持续发展的桎梏。国家相关节能经济激励政策的出台，一方面将促进能源节约使用，确保能源安全，减少环境污染，进一步解除制约经济增长的枷锁；另一方面在经济利益和社会利益的驱使下，将促进研制与开发以可再生能源利用为主的新型节能技术和节能产品，由此增加投资、扩大内需，拉动整个国民经济的增长。

第二节　国内外研究现状

一、国外研究现状

自从经济学家开始研究经济活动以来，各个学派均从不同侧面、不同程度地论及了能源与经济、环境之间的相互关系，这其中有深刻的、有肤浅的，有乐观的、有悲观的，有定性的、有定量的，百家争鸣，众说纷纭。随着研究对象的逐步扩大，研究内容的逐渐深入，从传统的单纯经济学研究到资源经济学、生态经济学、环境经济学、能源经济学等一系列边缘学科的出现，专家和学者越来越关注“能源—经济—环境”一体化系统的理论研究和实践应用。概括起来，可分为以下三个阶段。

第一阶段—18 世纪至 19 世纪末期

18 世纪和 19 世纪阶段，经济学、生物学、化学和物理学等学科的研究几乎是完全分离的，学者们均在自己的领域内进行研究，互不干预。当时对于经济领域的研究主要以农业生产活动为主，经济学家尚未充分认识到能源在经济中所起的关键作用，对于经济和资源、环境之间的关系也只是一种粗浅的认识。多数研究是以土地作为自然资源的代表，研究其在经济活动中具有的价值，如亚当·斯密的资源效用论，托马斯·马尔萨斯、大卫·李嘉图和卡尔·马克思的地租理论等。在亚当·斯密的研究中，认为限制经济增长的要素并不包括资源，资源是可以无限使用的，属于资源无限论的乐观主义者；马尔萨斯则是资源有限论的悲观主义者，他认为人口的增长最终会超过生活资料的增长，土地将不断得到开发利用，致使地租相应上涨，而自然资源有一个绝对限制的数量，资源的有限性成为经济增长的严重障碍；折衷主义的约翰·穆勒认为长期内随着资源的减少和收益率的下降，经济增长将进入一个“静止状态”，即达到社会最优化的理想状态，同时他还提出经济增长对于环境质量具有破坏作用；马克思从劳动价值论出发，研究了土地的绝对地租和级差地租，提出自然资源具有耗竭性，同时，又从哲学角度出发，对人类经济活动与环境和整个自然界之间的相互依存关系予以肯定，指出人与自然应协调发展。

第二阶段——20世纪初期至20世纪60年代末期

工业化的迅猛发展及由此带来的一系列能源与环境问题，使得原本从事各个不同学科研究的学者们认识到单一研究的局限性，纷纷加强了与其他领域之间的联系，人们对能源、经济和环境之间的关系有了初步认识，“能源—经济—环境”一体化系统的研究进入萌芽阶段。这一阶段的研究可分为两条主线：

1. 能源、经济、环境三者之间关系的研究

生物学家和物理学家在自身的研究过程中首先觉察出生态系统遭遇到经济活动的重大破坏，因而从生态学的角度探讨了能源、经济与环境系统之间的关系。学者们达成一个共识：能源供给的稀缺制约经济的增长，经济活动造成严重的环境污染，环境系统的损坏反过来又阻碍了经济增长，能源、经济、环境三者处于相互影响、相互制约的一个整合系统中。杰文斯探讨了能源(主要是煤炭)对经济增长的限制，认识到不可再生能源的耗竭是经济增长的最大威胁[3]；Ciriacy Wantrup 阐述了经济活动对生态环境破坏的后果具有不确定性，由此可能造成无法弥补的损失并产生不可逆转的影响，他提出“最低安全标准法”思路，即当代人应把人类行为对生态系统的影响控制在一定损失和不可逆性界限以内[4]；卡逊描述了工业革命以来的重大公害事件造成的环境污染，呼唤人们从盲目的工业生产活动中清醒过来[5]；鲍尔丁提

出“宇宙飞船理论”，认为地球不过是一只小小的宇宙飞船，人口和经济的增长将使有限的资源耗尽，而人类生产和消费排出的废物最终将使飞船完全污染，由此倡导必须以储备型经济代替增长型经济、以生态型经济代替消耗型经济、以循环型经济代替单程型经济[6]；舒尔茨则在诠释了自然资源与经济增长的关系之后，指出在经济增长的动态过程中，因为吸收了各种优等资源，所以，自然资源的替代品也将随着经济增长和技术进步而动态地向前发展[7]。

2. 政府治理环境污染的措施

自新古典经济学家马歇尔提出“外部效应”的概念以来，经济学家们一致同意环境污染具有负的外部性，并对环境污染的治理展开了激烈的争论。福利经济学代表人庇古提出环境污染反映在私人经济活动所产生的外部成本中(即私人边际成本与社会边际成本之间的差异)，建议应由政府根据污染所造成的危害对排污者征税，将污染成本加到产品价格中去，通过征税的形式使外部成本内部化，后人将其称为“庇古税”[8]。科斯却表明了截然不同的看法，他反对政府进行干预，主张在资源产权界定清晰的前提下，由排污者与受害者谈判，通过补偿或自愿交换产权等方式自行解决污染问题[9]。Dales提出了排污权交易的思路，指出由政府制定排污量上限，按此上限发放排污许可证，排污许可证可以在市场上买卖，以通过使排污量小的企业获得较高利润的经济手法刺激排污量大的企业减少排污量[10]。

第三阶段——20世纪70年代至今

1972年，丹尼斯·米都斯提交给罗马俱乐部的第一份研究报告——《增长的极限》，利用系统动力学的理论和方法，对人口、粮食、工业化、不可再生资源和环境污染五大问题及其相互关系进行了深入系统的研究，指出如果按照目前的人口和资本的快速增长模式继续下去，地球将面临一场“灾难性的崩溃”[11]。其对经济增长极限的悲观性论调，引起了经济学家的广泛关注，由此揭开了经济学研究史的新篇章。经济学家纷纷从自身的单一研究经济活动的领域中走出来，主动地将生态学、物理学、化学等其他学科纳入到自己的研究范围，逐步认可了能源在经济和社会发展中的核心地位，这标志着“能源—经济—环境”一体化系统的研究进入到成熟的发展阶段，其成果主要包括以下几个方面：

1. 扩展了经济增长和经济发展理论

经济学家在米都斯提出的"零增长模型"的基础上，相继提出"有机增长模型"、"'无意外'世界模型"和"可持续发展模型"，并将可持续发展作为人类新的发展观，以促进经济、社会、生态的可持续发展，并以此作为开展经济活动和评价经济效果的基本原则。

2. 结合多学科从不同角度讨论能源的地位和作用

一些学者从物理学、生态学角度，引入热力学定律，利用系统的功、能、熵等理论来分析能源与经济、能源与环境之间的内在联系，从导致环境污染的根本原因——能源的开发和利用着手，探讨人类如何通过从高能耗向低能耗过渡，重新建立起人类与生态系统的和谐与平衡[12]。一些学者从经济学角度，利用供求规律、价值规律和帕累托最优化定理等对能源系统进行了经济评价[13,14]。还有些学者从社会学和心理学的角度出发，探讨了能源给整个社会带来的影响，认为能源的使用改变了人们的意识形态、文化思维和生活方式[15,16]。

3. 探讨能源政策的制定和实施

学者们引入外部性理论和公共财政理论，针对能源产品外部性较强的特征，指出信息不充分、资金制约以及未来的不确定性等原因是私人部门自主进行节能行为的障碍，需由政府制定相关政策以推动私人向节能产品的投资[17,18]。对一些已经实施能源政策的国家，从直接管制、经济激励等政策的实施效果等方面进行评价和分析，结果表明经济激励政策取得了相对较好的效果，并一致认为税收优惠将是未来能源政策的发展方向[19]。

4. 运用数学模型进行定量分析

随着计量经济学的发展，该领域的研究已经不再仅局限于理论方面的定性分析，学者们更多地运用数学模型来分析和解释能源系统与经济系统之间的内在联系，并对能源政策实施的效果进行经济评价和比较。David 采用 VAR(向量自回归模型)对能源、GDP、资本和就业之间的关系进行分析，得出能源与 GDP 和就业之间存在较强联系的结论[20]；Kraft 运用线性回归模型对能源与 GNP 之间的因果关系进行了分析，认为能源消耗与经济增长存在直接的关系[21]；Glasure 和 John 选用多个国家的数据，运用 Granger 因果分析方法重新进行了检验，结果表明对于不同国家，能源消耗与经济增长之间的因果关系是不同的，当实施能源政策时两者会存在直接的因果关系[22,23]。Beausejour 采用 CGE 模型对能源税、CO_2 减排和经济增长之间的关系进行了研究，指出能源税在 CO_2 减排过程中起着关键的作用[24]。Schlegelmilch 和 Jorgen 采用一般线性模型分析了政府征收能源税对不同能源价格及对节能投资的影响[25,26]。

5. 深入到各个行业展开细化研究

随着能源经济学研究的进一步深入，在许多国家已经实施能源政策的基础上，学者们对能源问题已经从针对整个能源系统逐渐细分到针对各个行业领域进行专门研究。由于建筑节能在能源政策中具有重要的地位，因此，建筑节能领域的研究文献众多，涉及方方面面，主要有：第一，从建筑物整体出发，针对建筑物的设计、施工、竣工和使用的全过程，从全寿命周期的角度对总成本进行分析，指出节能建筑在总成本节约中具有的优越性[27,28]；第二，利用收集的建筑能耗数据，采用定量分析法对建筑领域中能源政策实施的效果进行分析[29,30]；第三，对正在建设或已经完成的建筑节能项目进行实证研究[31,32]。

二、国内研究现状

我国进行市场经济体制改革之后，国民经济进入快速发展阶段，但随着工业化和城市化水平的提高，能源短缺对经济增长的“瓶颈”制约以及能源消耗带来的环境污染问题逐步暴露出来并呈恶化趋势。中国政府对此给予了高度重视，制定了适合中国国情的可持续发展战略——《中国二十一世纪议程》，并出台了一系列节能法规和制度以推动 CO_2 减排目标的实现，为阻止全球气候变暖做出了巨大的努力和贡献。

国内学者在借鉴国外成熟经济理论的基础上，自 20 世纪 80 年代初期开始，对能源经济和能源发展展开了理论研究和探讨，已就能源在经济增长中位于核心地位、能源引发的环境污染问题和能源可持续发展战略等方面达成共识。当前的研究热点主要是讨论如何将理论与现实相结合，探索一条适合中国国情的以节约能源、提高能源效率和开发可再生能源为主线的可持续发展道路，集中体现在以下几个方面：

(1) 介绍国外发达国家能源政策实施的经验和教训，为中国能源政策的制定和实施提供咨询和建议[33~36]。国外发达国家已经颁布实施了多种能源政策，并取得了良好的效果，而中国走能源可持续发展的道路还刚刚开始起步，若能详尽地分析国外成功政策制定和实施的条件，将其合理地本土化，有助于使中国能源政策的制定和有效实施少走弯路，尽快赶上发达国家的节能水平。

(2) 运用数量经济方法和技术经济方法，对中国的能源系统与经济系统、环境系统之间的互动关系进行研究。李京文选用 1949—1993 年的数据，对中国 GDP 增长与能源消耗情况进行了分析[37]；朱达运用回归模型，选择 1980—1996 年的数据，对中国能源需求进行了分类预测，并对化石能源燃烧产生的排放物进行了计量[38]；郑玉歆和马纲运用 CGE 模型，对在中国征收碳税减排 CO_2 进行了成本分析[39]；雷明构造了中国的资源—能源—经济—环境综合投入产出表，分析了征收环境税费对能源价格的影响[40]。此外，还有众多学者运用不同的模型，从不同的侧面分析了“能源—经济—环境”系统的内在联系，以便于通过定量分析为能源政策提供实证并进行效果检验[41]。

(3) 从宏观走向微观，着重于在不同行业和部门进行细化研究。在对能源发展和能源政策的走向达成共识之后，学者们从战略高度返回实际领域，针对不同行业、不同部门的自身特点，寻求合理、有效的节能措施。在建筑领域探讨最为激烈的是住宅供暖计量收费机制的建立、太阳能建筑的开发利用以及建筑物围护结构和辅助设施中节能材料、节能技术的应用。

综合来看，国内学者的研究与国外相比，存在以下几个方面的差异：

第一，起步较晚，尚处于学习和探索阶段。国外的经济学理论已经比较成熟，在其完善的市场经济条件下得到了合理而有效的应用，而中国目前的市场机制并不完善，仍存在许多计划经济体制的遗留问题，具有较强的不确定性，因此还有赖于在学习国外先进经验的基础上，结合中国特点进行理论创新和突破。

第二，能源政策的目标不同。由于地理、人口、经济、技术等多方面的原因，中国和其他国家的能源结构、能耗水平、人民生活现状和环境污染状况等存在较大差异，势必导致政策制定过程中考虑的因素及实现的目标不同，因此，对问题进行研究分析的角度和看法各有特色。

第三，对经济激励政策领域的研究不足。目前国内主要集中于对节能技术领域的研究，缺乏对经济激励政策的重视程度，对中国如何利用经济激励政策推动节能工作的合理化建议较少，尚有待于在该领域进行深入研究和探讨。

第三节　研究对象、目的和内容

一、研究对象

按照建设部《建筑节能“九五”计划和2010年规划》的规定，建筑节能的工作步骤应由易到难，从点及面，坚持不懈，稳步前进。具体做法是：

(1) 按建筑类型逐步推开。从居住建筑开始，其次是公共建筑(从空调旅游宾馆开始)，然后是工业建筑；从新建建筑开始，其次是近期必须改造的热环境很差的结露建筑和危旧建筑，然后是其他保温隔热条件不良的建筑，建筑围护结构节能同供热(或降温)系统节能同步进行。

(2) 按气候区域逐步扩展。从北方采暖区开始，然后发展到中部夏热冬冷区，并扩展到南方炎热区；从几个工作基础较好的城市开始，再发展到一般城市和城镇，然后逐步扩展到广大农村。

规划目标为：1996年以前，新建采暖居住建筑在1980—1981年当地通用设计能耗水平基础上普遍降低30%，为第一阶段；1996年起，在达到第一阶段要求的基础上再节能30%，即在1980—1981年当地通用设计能耗水平的基础上降低50%，为第二阶段。

因此，本书在对中国终端能耗现状和建筑节能发展情况进行分析研究的基础上，选择北方采暖区内新建普通商品住宅作为实证研究的对象，针对北方城市中节能型普通住宅和非节能型普通住宅在建造成本和相关费用方面的差异，探讨如何运用经济激励机制和政策，鼓励和刺激房地产开发商新建商品住宅达到建筑节能规划第二阶段的目标要求。

二、研究目的

本书结合能源产品具有的外部性特征，依据现代经济理论、可持续发展理论和公共选择理论的新发展，对“能源—经济—环境”一体化系统进行理论研究；在理论研究的基础上，针对中国终端能耗和建筑节能的现状以及建设行业发展的特点，遵循市场经济的运行规则，从经济政策角度出发，研究建筑节能经济激励机制的内在机理，探讨提高市场主体节能意识、促进建筑节能标准实施的可行性政策和措施；其目的旨在为中国建筑节能政策的制定和实施提供理论依据和实证研究，以期推动能源节约、提高能源利用效率及促进能源可持续发展目标的实现。

本书预期达到以下目标：

(1) 深入探讨能源政策的理论基础。

(2) 建立节能效益评价指标体系，以寻求对节能战略实施效果进行合理评价的经济分析方法。

(3) 对中国终端能耗现状和建筑节能潜力进行全面透彻的分析，为建筑节能政策的制定提供实践方面的可行性论证。

(4) 运用博弈论方法分析建筑节能过程中各利益主体的决策过程，建立动态博弈均衡模型。

(5) 从建筑节能和能源经济政策之间相互影响、相互作用的关系出发，对建筑节能经济激励机制进行研究。

(6) 借鉴国外建筑节能经济激励政策的实施，结合中国经济发展现状，探讨在不同条件下的各种建筑节能经济激励政策方案，并对各项设计方案进行分析比较，以选择激励效果最佳的可行方案。

三、研究内容

缺乏相应的经济激励机制是中国节能标准实施受阻、节能工作步伐缓慢的主要原因之一。节能是中国能源可持续发展战略的核心，本书在对国内现状和相关资料分析的基础上，拟从建筑领域对节能的经济激励机制和政策展开研究，主要内容包括以下几个方面：

(一) 能源政策的理论基础

当前，世界各国政府和人民都已对可持续发展达成理念和行动上的共识，而在可持续发展的框架下建立“能源—经济—环境”一体化系统，从能源、经济和环境协调发展的整体角度探讨人类发展过程中面临的难题，是推动社会进步和发展的根本途径。因此，可持续发展既是能源政策的目标，同时也将作为能源政策的理论基础之一。外部性是指企业或个人的行为给他人带来了利益而没有收取费用(正的外部性)及企业或个人的行为对他人造成了损害而没有予以赔偿(负的外部性)。能源在开发、运输和使用过程中对环境造成了污染，而企业或个人支付的成本小于污染损失的社会成本，具有负的外部性。针对能源的负外部性，由于市场处理外部性问题是失效的，需由政府制定政策使之内部化，因此，外部性理论将作为能源政策的理论基础之二。但政府采用宏观调控手段进行市场干预的过程并不是完美无瑕，有时也具有缺陷，即市场失灵和政府失灵都是客观存在的。在此情况下，社会公众将从自身利益的角度出发，自行选择是参与行动还是退出(即是遵守政策规定还是与之相违背)。政府在制定能源政策时就需要考虑公共选择问题，以最大限度地确保实现资源配置最优化，因此，公共选择理论将作为能源政策的理论基础之三。

(二) 中国节能战略的实施

随着能源问题复杂性和严重性的深化，节能的含义也从简单的节约能源利用、减少能源消耗发展为提高能源利用效率、促进温室气体减排，含义的转变体现了人们思想意识的转变，节能战略已经成为实施能源可持续发展战略的关键环节。本书将对中国目前的能源消费现状和环境污染现状进行深入研究，明确指出节能战略在协调能源与经济发展和环境保护关系中所具有的重要作用，对于有效化解能源、经济、环境之间的矛盾与冲突能够发挥突出贡献。同时，探讨和建立节能效益评价指标体系，分别从社会效益、经济效益和生态效益的角度为节能效果评价提供定性和定量分析的依据。

(三) 中国终端能耗现状

人口众多、经济粗放式发展的基本国情是导致中国能源相对短缺的直接原因。当前，能源供求差距大、人均能源消费量低、能源结构不合理和能源效率低下等问题的存在严重阻碍了中国经济的持续增长和社会的稳定发展，本书将从能源供求、能源效率等方面对中国终端能耗的现状展开研究。

(四) 中国建筑节能发展历程

国外发达国家已经呈现出工业、交通和建筑物在能源消耗中“三足鼎立”的局面，中国随着城市化和人民生活水平的提高，也正在朝着这个方向发展，建筑能耗在社会产品总能耗中所占的份额将越来越大。针对建筑节能在全社会产品总节能中的重要地位，本书将对中国建筑能耗的现状以及建筑节能的工作进展、面临问题及原因进行分析。

(五) 建筑节能相关利益主体博弈分析

本书将引入经济学的最新研究——博弈论方法，对建筑节能目标实现过程中各利益主体的决策过程进行动态博弈分析；然后，在经济学的理论基础上，探讨建筑节能与能源经济政策之间相互影响、相互作用的互动机理，并对中国建筑节能经济激励机制展开深入的研究。机制是自然或社会系统的结构、功能和自然或社会现象的规律及其应用这些规律来实施相应调控的总称。建筑节能经济激励机制即是应用建筑节能与能源经济政策的相互作用规律，推动建筑节能目标实施的过程。

(六) 建筑节能经济激励政策分析

政府在间接干预市场经济过程中，通常将财政政策和货币政策作为主要的经济激励手段。本书将首先对财政政策和货币政策的职能、政策工具和特征进行相应分析，结合中国经济发展和建筑节能现状，提出应建立以财政补贴和税收优惠政策为主，其他经济政策为辅的建筑节能经济激励政策体系。其中，补贴是指财政部门根据国家政策的需要，在一定时期内，对某些特定产业、部门、地区等给予的专项补助和津贴，它通常是国家为支持某个特定商品或劳务的发展所采用的政策手段；税收则是国家财政收入的一种，国家通过调整某种商品或劳务行为课税率的高低，直接影响其价格的涨落，以此来鼓励或限制某种商品或劳务行为的发展，达到国家鼓励或限制私人购买某类商品或劳务的目的。其次，将对财政补贴政策和税收优惠政策分别进行经济学分析，深入探讨这两种经济激励政策的理论和方法。最后，将详细介绍国内及国外部分发达国家已实施的建筑节能经济激励政策，为未来新激励政策的构想提供借鉴。

在理论研究的基础上，本书将以现行物价水平和节能技术标准为基础，选取北方采暖区内新建节能型普通住宅作为拟定案例，结合部分典型城市的实际能耗及费用数据，设计出一系列经济激励政策预选方案；并针对节能增量成本可能位于的区间范围，采用成本效益分析法对各项独立方案和组合方案分别进行实证研究和效果评价，旨在从中探索适合中国国情的具备可行性的建筑节能经济激励政策方案，寻求最佳的补贴额和优惠税率，以期为中国制定符合市场运行规则的建筑节能经济激励政策提供咨询和建议。

第四节　研究方法和逻辑框架

一、研究方法

（一）理论和实践相结合的方法

将资源学、能源学、环境学、经济学、财政学和管理学等理论与中国建筑能耗的现状相联系，用理论指导实践，为中国建筑节能政策的制定和实施奠定坚实的理论基础，同时在此基础上进行深入的实证研究。

（二）静态分析和动态分析相结合的方法

对研究对象进行静态分析是获得清楚认知的有效手段，进行动态分析则是对研究对象本质的把握。本文将从全局性、整体性和系统性的角度，运用实证分析方法对建筑节能经济激励政策的制定进行静态和动态分析。

（三）定性分析和定量分析相结合的方法

将资料分类、整理和归纳之后，运用计量经济学、技术经济学和博弈论等方法，对拟定的建筑节能经济激励政策方案实施后可能产生的社会效益、经济效益和环境效益进行定性和定量方面的分析，并对各方案进行比较评价。

二、逻辑框架

本书的逻辑框架如图 1-1 所示。

第一章　绪论

- 问题的提出
- 国内外研究现状
- 研究对象、目的和内容
- 研究方法和逻辑框架

↓

第二章　能源政策的理论基础

- 能源概述
- 能源政策的战略目标—— 可持续发展
- 能源政策的前提条件—— 外部性
- 能源政策的指导原则—— 公共选择
- 能源政策的类型

↓

第三章　中国终端能耗现状

- 能源供给和需求
- 能源效率

↓

第四章　中国节能战略的实施

- 节能战略的重要作用
- 中国节能工作进展
- 节能效益评价指标体系

↓

第五章　中国建筑节能发展历程

- 建筑产品全寿命周期内能耗和污染分析
- 建筑能耗的内涵
- 中国建筑能耗现状分析
- 中国建筑节能存在问题及原因分析
- 中国建筑节能潜力分析

↓

第六章　建筑节能利益主体动态博弈分析

- 政府和开发商之间的完全信息动态博弈
- 开发商和消费者之间的不完全信息动态博弈

第七章　建筑节能经济激励政策研究

- 建筑节能与能源经济政策互动机理研究
- 建筑节能经济激励政策体系
- 国内外建筑节能经济激励政策比较研究
- 建筑节能经济激励政策实证研究

图 1-1　本书的逻辑框架

第二章　能源政策的理论基础

第一节　能　源　概　述

依据《大英百科全书》的解释，能源指包括燃料、流水、阳光和风等在内的可以直接或通过适当设备转变为人类所需能量的资源[42]。由于人类美好的物质享受和便利的舒适生活均依赖于能量的来源，因此，能源可称之为人类生存和社会发展的动力之源。

从不同的角度，能源有多种分类方式[43]：

(1) 按照形态特征，可分为：固体燃料、液体燃料、气体燃料、水能、核能(通常指核裂变能)、电能、太阳能、风能、生物质能、地热能、海洋能和核聚变能。

(2) 按照来源渠道，可分为：来自地球之外，如太阳能以及经太阳辐射转化而成的化石能源(煤炭、石油、天然气)；来自地球内部，如地热能、核能；来自地球和其他天体的运动作用，如风能、潮汐能和水能。

(3) 按照获取及使用的层次，可分为：一次能源，即直接从自然界取得的能源，如原煤、原油、天然气、生物质燃料和太阳辐射等；二次能源，即一次能源经过加工、转换后得到的能源，如电力、石油制品、煤气、沼气、氢能等；终端能源，即通过用能设备提供给消费者使用的能源，一次能源和二次能源经过输送、贮存和分配最终将成为终端使用能源。

(4) 按照能否再生，可分为：不可再生能源，即随着使用量的增加而减少，逐渐耗尽的能源，如煤炭、石油、天然气等；可再生能源，即不随使用量的增加而减少，可供人类永续使用的能源，如太阳能、水能、风能、地热能和生物质能等。

(5) 按照技术的成熟性和使用的广泛性，可分为：常规能源，即技术上比较成熟，已经大规模生产和广泛使用的能源，如煤炭、石油、天然气和水能等；新能源，即在新技术基础上加以开发利用的可再生能源，如太阳能、海洋能、地热能、氢能、生物质能等。

(6) 按照是否具有商品属性，可分为：商品能源，即具备商品价格，参与市场交换的能源，如电力、煤炭、石油、天然气等；非商品能源，即不在市场上流通，通常为自产自用的能源，如农村中大量使用的薪柴、秸秆、粪便等。

(7) 按照是否保护环境，可分为：清洁能源，也称为绿色能源，即开发和使用过程中干净、无污染的能源或采用先进技术处理后达到无污染标准的能源，如太阳能、风能、潮汐能、经清洁技术处理后使用的煤炭和为改善环境经处理后使用的城市垃圾、淤泥中蕴藏的能源等；非清洁能源，即开发和使用过程中严重污染环境而未采取有效措施预防的能源，如普通的煤炭、石油、天然气等。

此外，能源还有广义和狭义之分。广义的能源包括能源资源和能源产品；狭义的能源仅指能源产品。能源资源是指处于原始自然状态的能源；能源产品是指经过人类劳动转换为符合人们需要的能源。本书中所涉及的能源遵循狭义说法，若无特别说明，主要针对煤炭、石油和天然气等不可再生能源。

第二节　能源政策的战略目标——可持续发展

一、可持续发展理论的起源和发展

(一) 可持续发展的概念

自 20 世纪 70 年代以来，面对着资源和环境这威胁人类发展的两大危机，特别是以全球气候变暖、臭氧层损耗和生物多样性消失等为代表的环境问题，使人们认识到一味地向大自然索取、只注重产出而无视代价的传统发展模式最终将会使人类走向毁灭，因此，必须寻求一条新的发展道路。1972 年 6 月，联合国人类环境会议在瑞典召开，会议通过了《联合国人类环境宣言》，倡导各国政府和人民为维护及改善人类环境、造福子孙后代而共同努力。《人类环境宣言》中宣布了7个共同观点及26项共同原则[44]，共同观点包括：

◇ 人是环境的产物，也是环境的塑造者。

◇ 保护和改善人类环境，关系到各国人民的福利和经济发展，是人民的迫切愿望，也是各国政府应尽的责任。

◇ 人类总是要不断地总结经验，有所发现，有所发明，有所创造，有所前进。人类改变环境的能力，如果妥善利用，可为人民带来福利；如果运用不当，将对人类和环境造成不可估量的损害。

◇ 发展中国家多数环境问题是由于发展迟缓引起的，因此，他们首先要致力于发展，同时要注意保护和改善环境。

◇ 人口自然增长对环境的压力不断增大，应采取适当的方针和措施，解决这些问题。

◇ 当今的历史阶段，要求人类必须更加谨慎地考虑其计划和行动给环境带来的后果，人类必须运用知识，同自然取得协调，以便建设良好的环境。

◇ 为达到这个环境目标，要求每个公民、机关、团体和企业都负起责任，共同创造未来的世界环境。

在共同观点的指导下，26项基本原则可归纳为以下8个方面：

◇ 人人都有在良好的环境里享受自由、平等和适当生活条件的权利，同时也负有为当今和后代保护和改善环境的神圣职责。

◇ 保护地球上的自然资源，包括空气、水、土地和动植物，特别是自然生态系统和濒于灭绝的野生动植物。

◇ 经济和社会的发展是人类谋求良好生活和工作环境、改善生活质量的必要条件。

◇ 各国制订发展计划时要统筹兼顾，使发展经济和保护环境相协调。

◇ 因人口增长过快或人口过分集中而对环境产生不利影响的区域，或因人口密度过低而阻碍发展的区域，有关政府应采取适当的人口政策。

◇ 一些国家、特别是发展中国家应倡导环境科学技术的研究和推广，鼓励向发展中国家提供不造成经济负担的环境技术。

◇ 依照联合国宪章和国际法原则，各国具有按其环境政策开发资源的主权，同时也负有不致对其他国家和地区的环境造成损害的义务。

◇ 国家不论大小，应本着平等、合作的精神，通过多边和双边合作，对所产生的不良环境影响加以有效控制和消除，妥善处理有关国家的主权和利益。

联合国人类环境大会是一次具有跨时代意义的盛会，它标志着环境问题已经开始列入人类发展的议程。以此为开端，人类开始对实现资源、经济、社会、环境协调统一的新发展模式进行深入探索。

1980 年，联合国向世界发出呼吁："必须研究自然的、社会的、生态的、经济的以及利用自然资源过程中的基本关系，确保全球持续发展。"同年，由国际自然保护联盟(IUCN)牵头，联合国环境规划署(UNEP)和世界野生生物基金会(WWF)等国际组织共同参与的研究团体，发表了题为《世界自然保护大纲》的重要报告，该报告分析了保护和发展之间的关系，首次提及可持续发展一词，报告中将可持续发展理解为"为使发展得以继续，必须考虑社会和生态因素，考虑生物及非生物资源基础"。1981 年，美国世界观察研究所所长 L. R. Brown 出版《建设一个可持续发展的社会》一书，阐明了可持续发展的社会属性[45]。1983 年 12 月，联合国成立了由挪威首相布伦特兰夫人领导的世界环境与发展委员会(WCED)，该委员会于 1987 年向联合国大会提交报告——《我们共同的未来》，报告中提出了可持续发展的定义[46]："可持续发展是既满足当代人的需要，又不对后代人满足其需要的能力构成危害的发展。"对此又做了进一步的解释，"可持续发展包括两个主要概念，一个是需求的概念，尤其是世界上贫穷人民的基本需要，应将此放在特别优先的地位来考虑；另一个是限制的概念，即技术状况和社会组织对环境满足当代和后代需要的能力是有限的。"同时，该报告以可持续发展为基本纲领，提出了一系列政策和建议，这是首次明确地提出可持续发展的概念，标志着可持续发展战略的初步形成。1989 年，联合国环境规划署通过了《关于可持续发展的声明》。1991 年，国际自然保护联盟、联合国环境规划署和世界野生生物基金会又联合发表了一份重要报告——《保护地球——可持续生存战略》，该报告中提出应通过以下两个方面来改进人类状态：一方面是保证人类社会广泛深入地信守可持续生存这种新的伦理观，并将这种伦理观的原则付诸实施；另一方面是使"保护"与"发展"相结合，"保护"要求人类的行为不能超越地球本身所容许的范围，“发展”要使人类都能够享受到长期的、健康的和充实的生活。1992年6月，在巴西里约热内卢召开的联合国环境与发展大会上，以“可持续发展”为指导方针，通过了《里约环境与发展宣言》、《21世纪议程》和《关于森林问题的原则声明》，签署了《联合国气候变化框架公约》和《生物多样性公约》。这次会议是人类发展历程中一个重要的里程碑，它正式确立了可持续发展作为人类社会共同发展战略和全球行动纲要的关键角色，并开始将可持续发展从理论引入实践，在各项活动中付诸实施。2002年9月，在南非约翰内斯堡召开的可持续发展世界首脑会议上，通过了《可持续发展世界首脑会议实施计划》和《约翰内斯堡可持续发展宣言》，进一步重申了各国政府对可持续发展在思想和行动上所做的承诺，制定了一系列具体的环境和发展目标，明确了当前的共同责任是在地方、国家、区域和全球范围内促进和加强经济、社会和生态这三者可持续发展。

（二）可持续发展的内涵

可持续发展是人类传统发展观念的一次重大转变。自正式提出可持续发展概念以来，国内外众多学者对其所包含的深刻内涵进行了概括和总结。有的学者认为，可持续发展包括三方面的含义：人类与自然界的共同进化思想；当代与后代兼顾的伦理思想；效率与公平目标兼容的思想[47,48]。有的学者认为，可持续发展的内涵体现为：可持续发展不否定经济增长，尤其是穷国的经济增长，但需要重新审视如何推动和实现经济增长；可持续发展以自然资源为基础，同环境承载力相协调；可持续发展以提高生活质量为目标，同社会进步相适应；可持续发展承认并要求在产品和服务的价格中体现出自然资源的价值；可持续发展的实施以适宜的政策和法律体系为条件，强调综合决策和公众参与[49]。有的学者认为，可持续发展的要点在于：发展的内涵既包括经济发展，也包括社会的发展和保持、建设良好的生态环境；自然资源的永续利用是保障社会经济发展的物质基础；自然生态环境是人类生存和社会经济发展的物质基础；控制人口增长与消除贫困，是与保护生态环境密切相关的重大问题[50]。还有的学者认为，对可持续发展的认识和理解应强调以下方面：可持续发展的核心是发展，发展包括经济发展、社会发展和保持建设良好的生态环境；可持续发展的重要标志是资源的永续利用和良好的生态环境；可持续发展要求既考虑当前发展的需要，又考虑未来发展的需要，不以牺牲后代人的利益为代价来满足当代人的利益；实现可持续发展战略的关键在于综合决策机制和管理机制的改善；实施可持续发展战略的最浓厚根源在于民众之中[44]。

（三）可持续发展的原则

可持续发展是从环境保护和资源持续利用的角度提出的关于人类长期发展的战略，它特别强调环境和资源的承载能力及其对经济和社会发展的重要性，实现可持续发展的过程即是依靠科技进步、节约资源与能源、减少污染排放、采取清洁生产和绿色消费，由资源型发展模式转变成技术型发展模式的过程。可持续发展体现了以下几个原则[51～53]：

1. 发展性原则

实现人类社会的发展才是最终目的，可持续发展强调维持新的平衡，谋求经济、社会与生态系统的协调发展。正如在《我们共同的未来》中明确指出的，“为了公平地满足今世后代在发展与环境方面的需求，寻求发展的权力必须实现。”这里的发展主要包括转变经济增长方式、减少贫穷、改善工业技术、提高资源利用效率、降低环境污染和改善人民生活质量等。

2. 公平性原则

可持续发展强调机会选择的平等，要求实现社会公平，这包括当代人之间的代内公平、当代人与后代人之间的代际公平和资源在人们之间的分配公平。代内公平指要满足全体人民的基本需求和给全体人民机会以满足他们要求较好生活的愿望，当今世界是一个贫富悬殊、两极分化的世界，若想实现可持续发展，其首要任务就是消除贫困。代际公平指当代人不应为自己的发展和需求而损害世世代代满足需求的条件——自然资源与环境，人类赖以生存的自然资源是有限的，当代人必须给子孙后代留以公平利用自然资源的权利。资源分配公平指有限的自然资源应在不同国家和不同人群中公平分配和利用，占世界人口较少部分的发达国家消耗了世界绝大多数的资源，发达国家的发展以掠夺发展中国家的有限资源为代价，这是不公平的，人类均具有平等利用资源和环境的权力。

3. 可持续性原则

发展要以资源和环境的承载能力为极限，若只顾发展而忽略了资源和环境的可持续性，则长远发展必将丧失牢固的根基，因此，需转变不可持续的生产和消费模式，保持自然资源的持续利用和生态环境的持续改善。人类应根据生态系统的承载能力，调控自身的行为，确定合适的生活方式和消费标准，合理开发利用自然资源，使资源和环境能够被人类持续享用。

4. 整体性原则

可持续发展包括经济可持续发展、社会可持续发展和生态可持续发展。经济可持续发展是指在不损害生态环境和自然资源质量水平的前提下，实现经济的增长和发展；社会可持续发展是指发展应以提高人民生活质量为目标，满足人类不断增长的物质需求和精神需求，同时要兼顾公平和效率；生态可持续发展是指经济和社会的发展要以节约利用资源和保护生态环境为基础，不能以破坏生态环境为代价，生态可持续发展又可分为资源可持续利用和环境可持续发展。可持续发展主张必须维护经济、社会和生态的整体协调统一，不能只注重某一方面而忽视其他方面，这样才能确保经济、社会和生态不断地持续向前发展。

5. 共同性原则

由于世界各国历史文化、自然条件和发展水平各异，在制定可持续发展战略时所考虑的各因素的重要性必有所不同，可持续发展的目标、模式和途径也不可能是惟一的，但是，作为全球发展的总目标，可持续发展所体现的基本原则是共同的。同时，由于各国之间经济、社会、资源和环境的相互依赖性，每个国家不可能单独实现本国的可持续发展，而必须联合起来，采取共同的行动，实现全球的可持续发展。

二、“能源—经济—环境”一体化系统的协调发展

（一）能源与经济：相互促进和相互制约

能源在社会发展中的重要地位，首先表现为经济发展对能源的需求。作为生产和生活中不可或缺的根本要素，能源的开发利用为经济发展提供了燃料和动力，是经济持续增长的有力保障。能源供给充足可推动经济大规模、高速度地向前发展。同时，能源在推动科技进步、扩大生产规模、带动关联产业发展、提高劳动生产率和改善人民生活等方面也发挥了巨大的作用。反之，经济增长的步伐加快，需要更多的能源投入，将扩大对能源数量、质量

和品种结构等方面的市场需求。伴随着经济的发展，能源结构经历了从以木柴为主到以煤炭为主、再到以石油为主的发展过程，而当今世界各国又正在寻求替代石油的无污染型新能源。此外，经济收入的增长又会带来科学技术水平的提高，为能源的开发利用在资金、技术和设备等方面提供强有力的支持，增强能源开发利用的效率，促进能源产业的发展。

但是，能源若被过度开采和消费，将引发供不应求的尖锐矛盾，导致工业生产动力不足、人民生活缺乏便利，严重制约经济增长，能源短缺已经成为全球性的敏感问题。而经济增长若有所减缓，也将会从需求、资金等方面限制能源的开发和利用，阻碍能源发展的步伐。

能源在经济中的重要性将取决于能源与非能源投入之间的替代弹性系数。在短期内，由于非能源替代能源投入的可能性很小，即替代弹性系数较低，因而能源投入的减少将对整个经济产生重大的负反馈效果；在长期内，由于能源应用设备可以被设计为更加有效率，则非能源投入替代能源投入的可能性增大，替代弹性系数增高，因而能源投入的减少将对宏观经济产生较小的影响。

（二）能源与环境：能源是环境污染之源

在导致生态环境质量下降的众多影响因素中，能源的开发和利用是其中最为关键的部分。首先，在能源开发过程中，可能造成地面塌陷、水土流失、地质恶化、植被破坏、自然景观改变、动植物种类减少和区域内小气候改变等，致使原有生态平衡遭到破坏；其次，在能源使用过程中，经燃烧排放出的化学物质，可能会对大气、水和土壤造成严重污染，影响人类生存环境和危害人体健康。当前大量使用的化石能源尤其是煤炭的燃烧对环境造成的影响主要表现为酸雨、烟雾和全球气候变暖。

1. 酸雨

化石能源燃烧产生的 SO_2 和氮氧化物排入大气后，同大气中原有物质发生化学反应，合成硫酸和硝酸等，然后以雨、雪或雾的形式返回地面，由于其 pH 值低于大气中蒸馏水的 pH 值(5.6)，因此称之为酸雨。极具腐蚀性的酸雨严重污染了农田、森林、河流和湖泊，造成农作物减产、动植物死亡，缩短建筑物和机械设备的使用寿命。

2. 烟雾

煤炭燃烧产生的微小颗粒与大气中其他污染物相结合，形成空气中弥漫的烟雾。烟雾被人吸取后，将刺激呼吸道内壁，引起发炎，最终导致心血管疾病、慢性气管炎和呼吸道疾病等。

3. 全球气候变暖

白天，炽热的太阳通过紫外线的方式向外辐射光和热，被地球吸收后促使地球表面变暖；夜间温度降低时，变暖的地球表面又以红外线的方式向宇宙空间辐射热量。能源燃烧排放出的 CO_2、O_3、CH_4 和氮氧化物等温室气体悬浮在大气层中。太阳的短波辐射可透过大气层到达地面，而仅在宇宙中散失少量热量，但是温室气体却吸收了地球的长波辐射，阻碍地球热量向外扩散，形成温室效应，致使地球表面温度升高。CO_2 是对温室效应影响最大的气体，对全球气候变暖的贡献率约占50%左右。据资料显示，自19世纪末至今，地球表面平均气温升高了 0.3～0.6℃；而预计到21世纪末，地球表面平均气温将升高 1～3.5℃[54]。全球气候变暖将改变生物物种已经适应的生存环境，破坏生态系统的平衡，严重威胁人体健康(见图 2-1)，CO_2 减排已成为全球面临的严峻问题[55]。

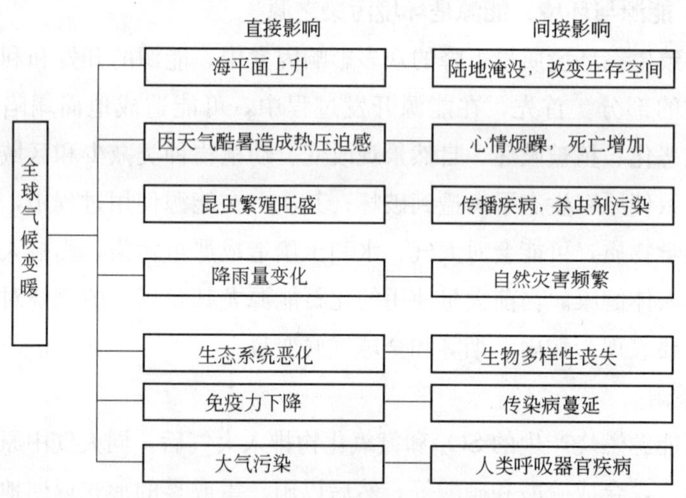

图 2-1 全球气候变暖的影响

(三) 能源与经济、环境之间关系的定量研究

鉴于对能源与经济、环境之间关系的定性研究较多，而定量研究缺乏，本书将运用计量经济学中的 Granger 因果关系检验方法，从定量角度对能源

消费与经济增长、环境污染物排放之间的因果关系展开研究。

1. Granger 因果关系检验方法

根据 Granger 的因果关系定义，当在回归方程中，时间序列 X 的历史值和时间序列 Y 的历史值同时使用能比其他方法更好地预测被解释变量 Y 时，则称 X 是 Y 的 Granger 原因。X 与 Y 之间的关系有 3 种形式：第一，X 不是 Y 的原因同时 Y 也不是 X 的原因，则称 X 与 Y 是相互独立的；第二，X 是 Y 的原因但 Y 不是 X 的原因，则称从 X 到 Y 存在单向因果关系；第三，X 是 Y 的原因同时 Y 也是 X 的原因，则称 X 与 Y 之间存在双向因果关系。

因果关系检验有 3 种形式：

(1) 基本的 Granger 因果检验方法

当 X 与 Y 都是稳定序列时，估计方程：

$$Y_t = \mu_1 + \sum_{j=1}^{k} \alpha_{1j} X_{t-j} + \sum_{j=1}^{k} \beta_{1j} Y_{t-j} + \varepsilon_{1t}$$

$$X_t = \mu_2 + \sum_{j=1}^{k} \alpha_{2j} X_{t-j} + \sum_{j=1}^{k} \beta_{2j} Y_{t-j} + \varepsilon_{2t}$$

其中 μ_1 和 μ_2 表示常数项，ε_{1t} 和 ε_{2t} 表示白噪声。

假设
$$H_{01}: \alpha_{11} = \alpha_{12} = \cdots = \alpha_{1j} = 0 \quad (j=1, 2, \cdots k)$$
$$H_{02}: \beta_{11} = \beta_{12} = \cdots = \beta_{1j} = 0 \quad (j=1, 2, \cdots k)$$

对统计计量进行 F 检验，若 F 值超过临界值，则拒绝接受零假设，认为变量 X 是变量 Y 的 Granger 原因（拒绝 H_{01} 假设），或变量 Y 是变量 X 的 Granger 原因（拒绝 H_{02} 假设）。

(2) 一阶差分形式下的 Granger 因果检验

基本的 Granger 因果检验方法是以 X 与 Y 都是稳定序列为基础的，但实证研究表明，多数时间序列数据都为非稳定序列，存在一阶单整。因此当 X 与 Y 为一阶单整时，原来的检验方法不再适用。若二者相互之间不存在协整关系，估计方程：

$$\Delta Y_t = \mu_1 + \sum_{j=1}^{k} \alpha_{1j} \Delta X_{t-j} + \sum_{j=1}^{k} \beta_{1j} \Delta Y_{t-j} + \varepsilon_{1t}$$

$$\Delta X_t = \mu_2 + \sum_{j=1}^{k} \alpha_{2j} \Delta X_{t-j} + \sum_{j=1}^{k} \beta_{2j} \Delta Y_{t-j} + \varepsilon_{2t}$$

其中
$$\Delta Y_t = Y_t - Y_{t-1} \qquad \Delta X_t = X_t - X_{t-1}$$

对统计量进行 F 检验，若 F 值超过临界值，则拒绝接受零假设，认为变量 X 是变量 Y 的 Granger 原因（拒绝 H_{01} 假设），或变量 Y 是变量 X 的 Granger 原因（拒绝 H_{02} 假设）。

(3) 误差修正模型(ECM)的因果检验

当 X 与 Y 为一阶单整且二者相互之间存在协整关系时，仅用差分后建立的模型进行检验将会导致错误，这时必须用误差修正模型进行因果关系的检验。估计方程：

$$\Delta Y_t = \mu_1 + \sum_{j=1}^{k} \alpha_{1j} \Delta X_{t-j} + \sum_{j=1}^{k} \beta_{1j} \Delta Y_{t-j} + \gamma_1 ecm_{1t-1} + \varepsilon_{1t} \quad ecm_{1t-1} = (Y - \lambda X)_{t-1}$$

$$\Delta X_t = \mu_2 + \sum_{j=1}^{k} \alpha_{2j} \Delta X_{t-j} + \sum_{j=1}^{k} \beta_{2j} \Delta Y_{t-j} + \gamma_2 ecm_{2t-1} + \varepsilon_{2t} \quad ecm_{2t-1} = (X - \varphi Y)_{t-1}$$

其中 ecm_{1t-1} 和 ecm_{2t-1} 表示滞后 1 阶的残差序列。

对统计量进行 F 检验，若 F 值超过临界值，则拒绝接受零假设，认为变量 X 是变量 Y 的 Granger 原因（拒绝 H_{01} 假设），或变量 Y 是变量 X 的 Granger 原因（拒绝 H_{02} 假设）。

2. Granger 因果关系的应用

(1) 数据选取

本书采用能源消费量(EC)、国内生产总值(GDP)和 SO_2 排放量(SE)作为模型检验的指标，数据从 1980—2002 年，其中 GDP 已折算为 80 年不变价，分别来源于《中国能源统计年鉴》、《中国统计年鉴》和《中国环境年鉴》(见表 2-1)。为使结果更加合理，在分析中进行了对数变化，其中的统计分析均运用 SPSS 软件包完成。

中国能源、经济、环境基本情况(1980—2002 年)　　**表 2-1**

年　份	能源消费总量（万 t 标准煤）	国内生产总值（亿元）	SO_2 排放量（万 t）
1980	60275	4518	1600
1981	59447	4753	1371
1982	62067	5185	1275
1983	66040	5750	1200
1984	70904	6624	1243

续表

年 份	能源消费总量（万 t 标准煤）	国内生产总值（亿元）	SO_2 排放量（万 t）
1985	76682	7519	1324
1986	80850	8180	1250
1987	86632	9129	1412
1988	92997	10161	1523
1989	96934	10578	1564
1990	98703	10980	1502
1991	103783	11990	1622
1992	109170	13692	1685
1993	115993	15541	1795
1994	122737	17499	1825
1995	131176	19336	1891
1996	138948	21192	2370
1997	137798	23057	1852
1998	132214	24858	2091
1999	130119	26633	1857
2000	130297	28751	1995
2001	134914	30850	1948
2002	148000	33275	1927

（资料来源：国家统计局、中国统计年鉴 2004［M］. 北京：中国统计出版社，2004；国家统计局工业交通统计司和国家发改委能源局. 中国能源统计年鉴 2004［M］. 北京：中国统计出版社，2004；于越峰. 中国环境年鉴 2004［M］. 北京：中国环境年鉴社，2004。）

(2) 单位根检验

根据 ADF 检验方法对样本值进行单位根检验，在经过一次差分后，序列中不再存在单位根，由此确定，lnEC、lnGDP 和 lnSE 均为一阶单整。其结果见表 2-2。

(3) 协整检验

1) lnGDP 与 lnEC

用 OLS 求回归方程：

$$\ln GDP_t = -14.2789 + 2.0616 \ln EC_t$$

$$(-13.0925) \qquad (21.7618)$$

单位根检验结果 表 2-2

单整阶数	变量	检验形式(C，T，K)	ADF检验值	变量	检验形式(C，T，K)	ADF检验值	变量	检验形式(C，T，K)	ADF检验值
$D=1$	lnEC	(C，T，1)	−2.481	lnGDP	(C，T，1)	−3.718**	lnSE	(C，T，1)	−3.459*
		(C，N，1)	−2.621*		(C，N，1)	−3.477**		(C，N，1)	−3.707**
		(C，T，2)	−2.410		(C，T，2)	−2.664		(C，T，2)	−2.885
		(C，N，2)	−2.415		(C，N，2)	−2.300		(C，N，2)	−3.276**
		(C，T，3)	−2.966		(C，T，3)	−3.028		(C，T，3)	−2.779
		(C，N，3)	−2.964*		(C，N，3)	−3.159**		(C，N，3)	−2.605

注：① 检验形式(C，T，K)中C代表常数项，T代表时间趋势项，K代表滞后阶数，N表示不包含T。

② **和*分别表示5%和10%的显著水平下，ADF检验值小于临界值，拒绝变量非稳定的假设，认为变量是稳定序列。

$$R^2=0.9575 \quad \overline{R}^2=0.9555 \quad F=473.5775$$

方程整体显著性明显满足，各项系数的显著性检验均顺利通过。

残差序列 $ecm_{1t}=\ln GDP_t+14.2789-2.0616\ln EC_t$

运用ADF方法检验残差序列的稳定性，$\rho-1$ 的 t 统计量为−3.641，小于临界值−3.60，即绝对值超过临界值的绝对值，得出不存在单位根的结论，ecm_{1t} 为稳定序列。所以，国内生产总值(GDP)与能源消费量(EC)之间存在协整关系。

2) lnEC与lnSE

用OLS求回归方程：

$$\ln EC_t=1.1906+1.3950\ln SE_t$$
$$(1.9494) \qquad (8.2296)$$
$$R^2=0.7633 \quad \overline{R}^2=0.7521 \quad F=67.7262$$

方程整体显著性明显满足，各项系数的显著性检验均顺利通过。

残差序列 $ecm_{3t}=\ln EC_t-1.1906-1.395\ln SE_t$

运用ADF方法检验残差序列的稳定性，$\rho-1$ 的 t 统计量为−4.211，小于临界值−3.60，ecm_{3t} 为稳定序列。所以，能源消费量(EC)与 SO_2 排放量(SE)之间存在协整关系。

3) lnGDP 与 lnSE

用 OLS 求回归方程：

$$\ln GDP = -11.9303 + 2.8904 \ln SE_t$$
$$(-4.2932) \qquad (7.6953)$$
$$R^2 = 0.7382 \quad \overline{R}^2 = 0.7257 \quad F = 59.2171$$

方程整体显著性明显满足，各项系数的显著性检验均顺利通过。

残差序列 $ecm_{5t} = \ln GDP_t + 7.6205 - 2.2328 \ln SE$

运用 ADF 方法检验残差序列的稳定性，无论在何种检验形式下 $\rho-1$ 的 t 统计量均大于临界值，接受存在单位根的假设，ecm_{5t} 为非稳定序列。所以，国内生产总值(GDP)与 SO_2 排放量(SE)之间不存在协整关系。

(4) 因果关系检验

1) 能源消费与经济增长

因为 EC 与 GDP 之间存在协整关系，所以需用误差修正模型(ECM)进行因果关系检验。检验过程中取滞后阶数为 2(以下同)。

检验结果见表 2-3。

EC 与 GDP 之间因果关系检验结果 **表 2-3**

	解释变量	系数值	T 统计量		解释变量	系数值	T 统计量
方程Ⅰ EC→GDP	constatnt	0.0699	3.1983***	方程Ⅱ GDP→EC	constatnt	0.0292	1.3550
	$\Delta \ln GDP_{t-1}$	0.7198	2.7605**		$\Delta \ln EC_{t-1}$	1.0229	3.9573***
	$\Delta \ln GDP_{t-2}$	−0.5452	−1.9139*		$\Delta \ln EC_{t-2}$	−0.1082	−0.3313
	$\Delta \ln EC_{t-1}$	0.1392	0.5384		$\Delta \ln GDP_{t-1}$	−0.0270	−0.1049
	$\Delta \ln EC_{t-2}$	0.0089	0.0256		$\Delta \ln GDP_{t-2}$	−0.2116	−0.7750
	ecm_{1t-1}	−0.0147	−0.2376		ecm_{2t-1}	−0.2220	−1.8707*
	F 统计量	2.9301*			F 统计量	6.0899***	

注：***、**及*分别表示 1%、5%和 10%的显著性水平。

由表 2-3 可知：

方程Ⅰ在 10%的显著性水平下成立，其中 $\Delta \ln EC_{t-1}$ 和 $\Delta \ln EC_{t-2}$ 的显著性较差，残差序列 ecm_{1t-1} 也不显著，说明 EC 对 GDP 的长期影响较弱。

方程Ⅱ在 1%的显著性水平下显著成立，其中 $\Delta \ln GDP_{t-1}$ 和 $\Delta \ln GDP_{t-2}$ 的显著性较差，但残差序列 ecm_{2t-1} 的显著性较强，说明 GDP 对 EC 的长期影响很强，因此经济增长是能源消费的长期原因。

上述分析表明：能源消费量的增长在短期内能促进经济的增长，而在长期内对经济增长的推动作用并不明显；随着经济的增长，能源消费量在长期内都将随之增长。

2）能源消费与环境污染

因为EC与SE之间存在协整关系，所以需用误差修正模型(ECM)进行因果关系检验。

检验结果见表2-4。

EC与SE之间因果关系检验结果 **表2-4**

方程	解释变量	系数值	T统计量	方程	解释变量	系数值	T统计量
方程Ⅲ SE ↓ EC	constatnt	0.0110	1.5771	方程Ⅳ EC ↓ SE	constatnt	0.0178	0.5552
	$\Delta \ln EC_{t-1}$	1.1796	6.7754***		$\Delta \ln SE_{t-1}$	−0.0940	−0.2995
	$\Delta \ln EC_{t-2}$	−0.5466	−3.0056***		$\Delta \ln SE_{t-2}$	0.1775	0.7800
	$\Delta \ln SE_{t-1}$	−0.0077	−0.1329		$\Delta \ln EC_{t-1}$	0.0617	0.7603
	$\Delta \ln SE_{t-2}$	−0.1272	−0.4788		$\Delta \ln EC_{t-2}$	−0.3602	−0.1192
	ecm_{3t-1}	0.2250	3.2826***		ecm_{4t-1}	−0.8781	−2.3491**
	F统计量	12.0929***			F统计量	3.5805**	

注：***、**及*分别表示1%、5%和10%的显著性水平。

由表2-4可知：

方程Ⅲ在1%的显著性水平下显著成立，其中$\Delta \ln SE_{t-1}$和$\Delta \ln SE_{t-2}$的显著性很差，而残差序列ecm_{3t-1}显著性较强，说明SE对EC的长期影响很强，因此环境污染是能源消费的长期原因。

方程Ⅳ在5%的显著性水平下显著成立，其中$\Delta \ln EC_{t-1}$和$\Delta \ln EC_{t-2}$的显著性较差，而残差序列ecm_{4t-1}的显著性较强，所以EC对SE的长期影响很强，因此能源消费同样也是环境污染的长期原因。

上述分析表明：能源消费量的增加将带来环境污染的加剧和生态系统的恶化；而随着污染排放物的增加，为了治理污染和维持经济的增长，能源消费量将大幅上升。

3）经济增长与环境污染

因为GDP与SE之间不存在协整关系，所以需用一阶差分形式的

Granger 因果检验方法。

检验结果见表 2-5。

GDP 与 SE 之间因果关系检验结果 **表 2-5**

	解释变量	系数值	T 统计量		解释变量	系数值	T 统计量
方程Ⅴ	constatnt	0.5233	1.5489	方程Ⅵ	constatnt	−0.8549	−1.3572
	$\Delta \ln GDP_{t-1}$	0.9363	3.9795***		$\Delta \ln SE_{t-1}$	1.0791	4.5482***
	$\Delta \ln GDP_{t-2}$	−0.3439	−1.5087		$\Delta \ln SE_{t-2}$	0.0321	0.1817
	$\Delta \ln SE_{t-1}$	0.0494	0.5127		$\Delta \ln GDP_{t-1}$	0.3311	0.8316
	$\Delta \ln SE_{t-2}$	−0.1176	−1.1283		$\Delta \ln GDP_{t-2}$	0.3415	0.8855
	ecm_{5t-1}	0.0442	0.6169		ecm_{6t-1}	−1.4688	−4.5657***
	F 统计量	2.5907			F 统计量	38.5111***	

注：***、**及*分别表示 1%、5%和 10%的显著性水平。

由表 2-5 可知：

方程Ⅴ在 10%的显著性水平下也无法成立，因此 SE 对 GDP 的影响是不显著的，即 SE 不是 GDP 的“Granger”原因。由于 $\Delta \ln SE_{t-1}$ 和 $\Delta \ln SE_{t-2}$ 的系数较小且显著性很差，而残差序列 ecm_{5t-1} 也不显著，所以无论长期和短期，SE 对 GDP 均无影响，即环境污染对经济增长不起任何作用。

方程Ⅵ显著成立，因此 GDP 是 SE 的“Granger”原因，GDP 与 SE 成单向因果关系。由于 $\Delta \ln GDP_{t-1}$ 和 $\Delta \ln GDP_{t-2}$ 的显著性较差，而残差序列 ecm_{5t-1} 的显著性较强(在 1%的显著性水平下)，所以 GDP 对 SE 的长期影响很强，而短期影响较弱，即经济增长是环境污染的长期原因。

上述分析表明：经济的增长将带来环境污染的上升，而环境污染只会阻碍经济的增长。

(四) 建立“能源—经济—环境”一体化系统

经济增长以能源充足供应为依托，能源消耗直接导致环境污染，环境污染影响人类生产和生活方式，造成一定的经济损失，阻碍经济持续发展，能源、经济、环境三者之间存在着十分密切的联系。传统工业化进程中，只考虑经济而忽略了能源和环境因素，其经济增长是以任意掠夺能源、不顾环境质量为代价的，所造成的能源危机和环境问题正在危害当代人和后代人的生存与发展。此时，仅从单一经济系统角度指导人类活动的局限性越来越突出，遵循可持续发展原则，将能源系统、经济系统、环境系统进行整合，建立“能源—经济—环境”一体化系统(3E，energy，economy and environment)，实施能源可持续发展战略，已成为实现经济、社会和生态可持续发展的迫切需要(见图 2-2)。

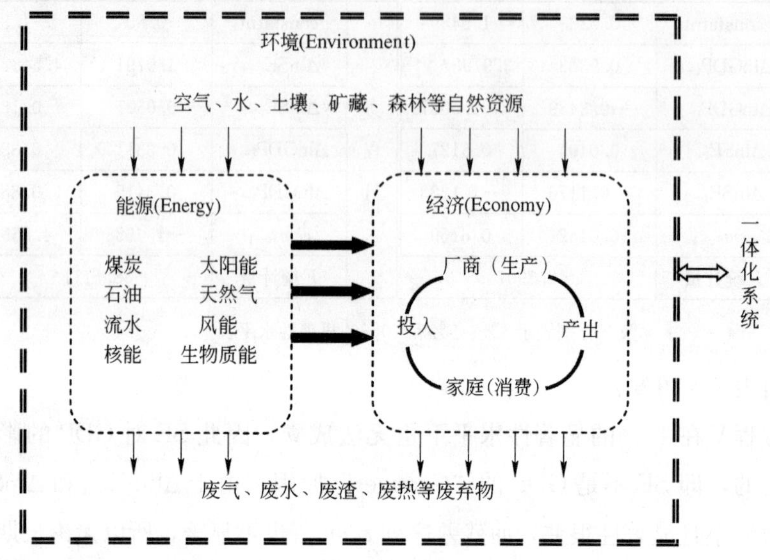

图 2-2 “能源—经济—环境”(3E)一体化系统

3E 系统中包含能源、经济和环境 3 个子系统，其中环境子系统分散于另外两个子系统周围，3E 系统的内在活动机理为：第一，环境子系统是能源、经济两个子系统形成和发展的基础，能源子系统和经济子系统所需的空气、水、土壤、矿藏等自然资源均来源于环境子系统；第二，能源子系统中，大部分能源以生产要素或生活消费品的形式进入经济子系统，而少量能源以废弃物的形式返回到环境子系统；第三，经济子系统中，社会生产和生活过程消耗掉能源及其他各类资源，并在产品产出和消费的同时，向环境子系统排放出大量的废水、废气、废渣、废热等废弃物。

只有当 3 个子系统间相互联系的链条均正常运转时，才能实现一体化系统内的良性循环，推动经济的增长和社会的进步。但是，依据热力学定律，人类若对能源进行肆无忌惮地开发和利用，必会导致其中某些链条损坏而转化为制约经济增长的桎梏。

首先，热力学第一定律——能量守恒。由于能量既不能创造也不能消灭，因此开采出的能源总量与经消耗后转化成的废弃物总量是相等的。能源以生产要素或生活消费品的形式进入经济系统后，或在经济系统中存留下来，或以废弃物的形式回归到自然环境中。若过度开采和消费能源，就会引起环境的贬值，当能源子系统和经济子系统排放的废弃物超出环境子系统自身的容纳和吸收能力时，环境子系统无法为经济活动提供合适完备的资源要素，此时环境子系统与经济子系统间的资源供给链条可能断开，环境污染成为经济增长的障碍。

其次，热力学第二定律——熵在增加。由于能量从一种状态转化为另一种状态，不是完全有效的，总有部分能量失效，因此能源在进入经济子系统的过程中，始终会有一部分没有参加经济活动而直接返回环境子系统。若在生产和生活过程中无限度地消耗能源而忽略能源的形成周期，不可再生能源在一定期限内会完全耗尽，形成能源短缺，此时能源子系统与经济子系统间的能源输送链条可能断开。

在 3E 系统内，能源、经济和环境的发展可能存在以下几种组合模式(见表 2-6)：

"能源—经济—环境"一体化系统的组合模式　　表 2-6

序　号	能　源	经　济	环　境
Ⅰ	高投入	高产出	高污染
Ⅱ	高投入	高产出	低污染
Ⅲ	高投入	低产出	高污染
Ⅳ	高投入	低产出	低污染
Ⅴ	低投入	高产出	高污染
Ⅵ	低投入	高产出	低污染
Ⅶ	低投入	低产出	高污染
Ⅷ	低投入	低产出	低污染

其中，模式Ⅰ、Ⅲ、Ⅴ和Ⅶ属于高污染型发展组合，即经济的增长是以对环境高度污染为代价的。其中模式Ⅰ为典型的"富裕污染"类型，指发达国家在工业化进程中疯狂掠夺资源和能源，加快工业生产速度而不顾环境污染，以此达到经济快速增长的目的。模式Ⅲ为典型的"贫穷污染"类型，指不发达国家工业化程度低，人民生活水平较差，但人口增长使得人类赖以生存的粮食、水、土地及其他各种必需资源日益增长，因此贫穷国家不得不通

过破坏生态环境来维护人们的生存，环境高度污染减弱了对经济增长的有力支撑，而经济低速增长又无力投资于环境改善，这形成一种恶性循环。模式Ⅴ和Ⅶ虽然都是在能源低投入的前提下获得经济的增长，但是仍带来环境的高污染，这两种模式并不符合社会发展的实际情况。由于这 4 种模式都没有考虑到环境的利益，因此不是 3E 系统协调持续发展的理想模式。

模式Ⅱ、Ⅳ、Ⅵ和Ⅷ属于低污染型发展组合，即经济的增长对环境产生的是较低污染。但其中模式Ⅱ和Ⅳ中能源浪费严重，表明在重视保护生态环境的同时却忽略了能源的稀缺性，没有同时兼顾能源、经济和环境三者的利益，因此也不是 3E 系统协调持续发展的理想模式。模式Ⅷ为典型的“原始经济”类型，即在原始社会和农业文明时期，由于人们对资源和能源的认识能力和利用能力较为低下，生产力水平十分落后，因此能源投入少，产生的环境污染程度低，能够被环境自身容纳和吸收，人与自然的关系总体上是和谐的。但是这种“原始经济”的发展模式已经一去不复返，现代社会更加重视科学的进步和经济的增长，模式Ⅷ不再适应当今的社会发展浪潮。模式Ⅵ倡导的是较少的能源投入、快速的经济增长和低度的环境污染，充分考虑到了能源、经济和环境三者的共同利益，正是 3E 系统协调持续发展的理想模式，将有助于实现经济、社会和生态可持续发展的目标。

因此，为保证经济和社会的持续稳定发展，促进能源可持续发展战略的实施，必须从“能源—经济—环境”一体化系统的整体角度出发，做到统一安排，统一部署，兼顾三者共同利益，在制定各项经济决策和从事各种经济活动时，坚持遵循能源安全和环境保护的原则，采用“低投入、高产出、低污染”的发展模式。

第三节　能源政策的前提条件——外部性

一、外部性理论的起源和发展

外部性概念最初源于新古典经济学的代表人物马歇尔 1890 年发表的《经济学原理》一书，他在书中提到：“我们可把因任何一种货物的生产规模之扩大而发生的经济分为两类，第一类是有赖于该产业的一般发达所形成的经济，它往往因许多性质相似的小企业集中在特定的地方而获得；第二类是有赖于从事该产业的具体企业的资源、组织和效率的经济，前者称为外部经济(external economies)，后者称为内部经济(internal economies)。[56]”此时他明确指出外部性在生产中的存在，但对外部性的理解只局限于积极的一面——外部经济。随后福利经济学创始人庇古于1920年出版《福利经济学》一书，在马歇尔的基础上对外部性理论进行了拓展和完善，补充了外部性既包括外部经济又包括外部不经济这一重要思想，并将外部性的研究从外部因素对企业的影响转向企业或居民对其他企业或居民的影响。庇古引入“私人边际成本”和“社会边际成本”、“私人边际收益”和“社会边际收益”的概念。他认为：如果每一种生产要素中的私人边际收益与社会边际收益相等，而产品价格等于其边际成本时，意味着资源配置达到最佳状态；但实际上私人边际成本和私人边际收益并非任何时候都等于社会边际成本和社会边际收益，当两者之间存在差异时，就产生了外部性。同时他还指出存在外部经济时，私人边际成本高于社会边际成本；存在外部不经济时，私人边际成本低于社会边际成本。1952年，英国经济学家鲍莫尔在其出版的《福利经济及国家理论》一书中，提到“由于工业的规模扩大，特别是在该工业中其他厂商情况不变之下增加了成本，使得一家厂商生产成本降低(提高)了，这样就出现了外部性。”他还对垄断条件下的外部性问题、帕累托效率与外部性、社会福利与外部性等进行了深入的考察。除此之外，一些著名的经济学家也都对外部性进行了相应的阐述。萨缪尔森认为：“当生产或消费对其他人产生附带的成本或效益时，外部经济效果便发生了。更为确切地说，外部经济效果是一个经济人的行为对另一个人福利所产生的效果，而这种效果并没有从货币或市场交易中反映出来。[57]”斯蒂格利茨认为：“只要一个人或一家厂商实施某种直接影响其他人的行为，而且对此既不用赔偿、也不用得到赔偿的时候，就出现了外部性。[58]”兰德尔将外部性与资源经济学联系起来，他指出“外部性是用来表示当一个行动的某些效益或成本不在决策者的考虑范围内的时候所产生的一些低效率现象，也就是某些效益被给予或某些成本被强加于没有参加这一决策的人。[59]”布坎南和斯塔伯比恩从效用函数角度出发，认为外部性是指某个人的效用函数的自变量中包含了其他人的行为，指出“外部性可以表述为：$U^A=U^A(X_1, X_2, \cdots\cdots, X_n, Y_1)$，$U^A$ 表示 A 的个人效用，它依赖于一系列活动(X_1，X_2，……，X_n)，这些活动是 A 自身控制范围内的，但是 Y_1 是由另外一个人 B 所控制的行为。[60]”鲍莫尔和奥茨提出了外部性出现的两个条件：条件之一，当某个经济主体的效用或生产函数包括了一些实际变量，其取值由忽略对其本身的福利影响的其他主体决定时，外部效应就出现了；条件之二，其活动影响他人效用水平或进入他人生产函数的经济主体，如果没有以补偿的形式为其活动获得(或支付)等于对他人造成的效益(或费用)的价值量，就会产生外部效应[61]。皮尔斯、科斯、阿罗、卢卡斯等众多学者将外部性引入资源配置问题、交通问题、环境污染问题、人力资本问题、货币问题等众多领域，对其进行了深入的研究和探讨，并针对外部不经济提出了各种各样的解决措施。

迄今为止，外部性理论已经历了一个多世纪的发展演变，逐步融入微观经济学、制度经济学、福利经济学、政治经济学、发展经济学、生态经济学、环境经济学、资源经济学、能源经济学等多个学科之中，并且结合了公共选择理论、寻租理论、委托—代理理论、博弈理论等多种现代方法论的研究，在政策制定和实践指导中得到了广泛的应用。尤其自可持续发展理念提出以来，在人类美好的生存空间越来越受重视的情况下，外部性成为各国环境政策和能源政策制定的理论基础。

二、能源的外部性特征

能源由于在生产和消费过程中给他人造成了未预料到的影响，而行为主体并没有为此付出应有的代价，因此具有外部性。结合外部性的分类及影响程度的重要性，能源的外部性特征表现为[62]：

(一) 外部不经济

按照影响效果，外部性可分为外部经济和外部不经济。外部经济也称正外部性，指一些人的行为给其他人的生产或消费带来额外收益而没有收取相应费用；外部不经济也称负外部性，指一些人的行为给其他人的生产或消费带来额外损失而没有支付相应费用。能源对周围环境产生酸雨、气候变暖、地质恶化等种种影响，在造成经济损失的同时又损害了人的身心健康，且其生产者或使用者支付的成本均小于污染损失的社会成本，因此表现为负外部性，即外部不经济。

（二）消费外部性

按照产生领域，外部性可分为生产外部性和消费外部性。生产外部性指由于生产活动导致的外部性；消费外部性指由于消费活动导致的外部性。若结合按影响效果的分类方式，外部性可进一步细分为生产的外部经济、消费的外部经济、生产的外部不经济和消费的外部不经济四类[63]。能源在生产、运输和消费过程中都可能对其他人产生外部不经济的影响，但是由于能源在消费环节中经过燃烧后产生的化学物质对环境产生严重污染，其影响范围和影响程度远远超过了生产环节，因此主要表现为消费外部性。

（三）交互外部性

按照作用方向，外部性可分为单向外部性和交互外部性。单向外部性指一方的行为给另一方带来了外部性而反之则无；交互外部性指双方或多方的行为均给对方或其他方带来了外部性。交互外部性发生于所有当事人都有权利接近某一资源并可给对方带来影响的情形。能源的使用者都对生态环境造成了污染，互相之间彼此都存在外部不经济效应，因此表现为交互外部性。

（四）可转移外部性

按照产生的影响在时空上能否转移，外部性可分为可转移外部性和不可转移外部性。其中若按在时间上能否转移，可细分为代内外部性和代际外部性。代内外部性指仅对当代人产生影响，不影响后代人；代际外部性指产生的外部性影响可随时间向后推移，不仅对当代人，对后代人同样也会产生影响。若按在空间上能否转移，可细分为区内外部性和区际外部性。区内外部性指仅对本地区有影响，对其他地区无影响；区际外部性指产生的外部性影响可在空间上转移，不仅对本地区，对其他地区同样也会产生影响。由于能源燃烧主要是对大气产生污染，污染的后果在时间上是可以延伸的、在地域上是可以扩散的，因此表现为可转移外部性。

（五）公共外部性

按照影响特征，外部性可分为私人外部性和公共外部性。私人外部性指个体与个体之间的外部性，通常可以通过互相谈判或协商加以解决；公共外部性指外部性具有公共产品的非竞争性和非排他性特征，即在其影响范围内会给所有的成员无一例外地带来额外收益或额外损失。能源消费所产生的外部不经济，任何受到影响的个体都无法通过自身的能力加以拒绝，一个人对环境污染的消费并不会减轻其他人受损害的程度，因此表现为公共外部性。

三、能源外部性内部化的措施

（一）外部性的经济效应

设企业的私人边际收益为 PMR，社会边际收益为 SMR，私人边际成本为 PMC，社会边际成本为 SMC，并设私人边际收益等于社会边际收益(PMR＝SMR)。按照利润最大化原则，当边际收益等于边际成本（PMR＝PMC)时，企业利润达到最大化。如图 2-3 所示，若不存在外部性，私人边际成本等于社会边际成本，则 e_0 为均衡点，q_0 为帕累托最优状态下的产量；若存在正外部性，私人边际成本大于社会边际成本，则 e_1 为均衡点，q_1 为相对应的产量，此时企业的产量低于帕累托最优状态时的均衡产量，说明经济主体不愿生产过多的外部经济产品，总希望让别人来生产而自己免费享用；若存在负外部性，私人边际成本小于社会边际成本，则 e_2 为均衡点，q_2 为相对应的产量，此时企业的产量高于帕累托最优状态时的均衡产量，说明经济主体为获得较高利润，过度生产外部不经济的产品，这将加剧对其他经济主体利益的损害，最终减少总的社会福利。

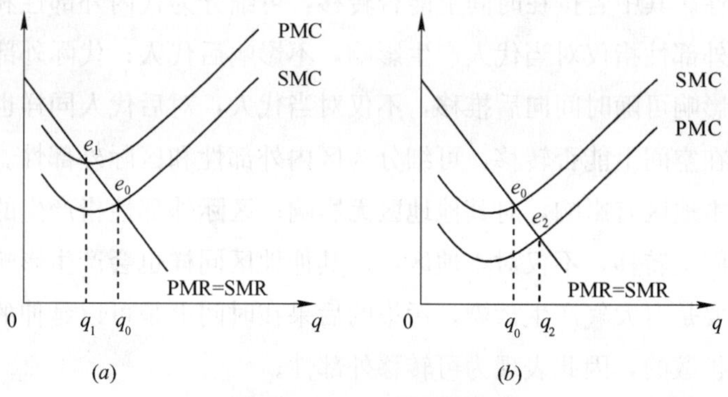

图 2-3　外部性的经济效应

(*a*)正外部性；(*b*)负外部性

（二）“庇古税”和“科斯定理”

外部性的存在使市场均衡偏离了帕累托最优状态，由此带来市场资源配置的低效率或无效率。因此自提出外部性概念以来，学者们围绕外部性内部化的解决，展开了激烈的争论，归纳起来，主要有两种态度鲜明的观点：

观点一：政府干预——庇古税。庇古较早地表明了自己对解决外部性问题的看法，他认为外部性是市场失灵的表现，因此，主张通过政府干预来弥补私人边际成本和社会边际成本之间的差距，实现外部成本的内部化，例如，可以对外部经济行为提供补贴以示鼓励，对外部不经济行为征收税赋以示处罚。

观点二：政府不干预——科斯定理。科斯于 1960 年在其出版的《社会成本问题》中对庇古理论进行了批判，并且指出在产权界定明晰的情况下，政府干预是不必要的，外部性问题可以通过重新分配产权得以解决。后来的经济学家斯蒂格勒将其观点总结为著名的科斯定理[64]。

科斯定理一：当交易费用为零时，无论权利如何界定，均可通过市场交易和自愿协商达到资源的最优配置。

科斯定理二：当交易费用不为零时，不同的产权界定会带来不同效率的资源配置，此时法律制度对于产权的初始安排和重新安排的选择是重要的，即可以通过合法权利的初始界定和经济组织形式的优化选择来实现资源的优化配置。

科斯定理表明[65]：如果没有产权的界定、划分、保护和监督的规则，产权交易就难以进行，即产权制度是人们进行交易、优化资源配置的前提。外部性的内部化问题，无需抛弃市场机制，通过法律手段和相互协商即可得到解决。

在上述两种观点的基础上，外部性内部化可得出以下几种解决措施(见图 2-4)。

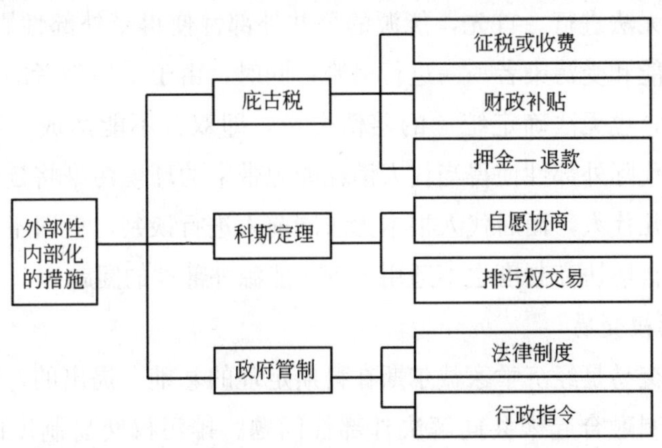

图 2-4 外部性内部化的措施

（三）能源外部性内部化的可行措施

针对能源具有的外部性特征，在上述一些外部性内部化的解决措施中，下述几种对于能源产品可能是不适用的：

1. 押金—退款

押金—退款实际为征税和补贴组合的变形，它是指对一些可能引起环境污染的产品在购买或使用初期向消费者收取押金，而当产品经使用后，在返回处理或循环再利用环节时，将押金退还给消费者的一种方法。该措施主要适用于一些废弃后可以收集起来以供集中处理或回收利用的固体物质，避免这些废弃物对环境造成污染，如塑料制品、纸制品、玻璃瓶、易拉罐等。而能源的消耗过程主要是发生化学反应的过程，使用后排放的废弃物多为气体，无法收集，更无法循环利用。因此，押金—退款制度不适用于解决能源外部性的问题。

2. 自愿协商

自愿协商是指产生外部性与受到外部性影响的双方（如污染者和受污染者）聚集到一起，通过自愿谈判和协商，使用贿赂和赔偿等手段来弥补受害者的损失，最终达成一致意见，确定一个双方均满意的最优污染水平。该措施能够顺利进行的前提是市场机制发展完善，资源产权划分明确。目前我国正处于市场经济转轨阶段，整个社会的市场机制没有充分建立，部分行业和部门仍留有计划经济体制的弊端，完全由市场来自行解决能源外部性问题的时机尚未成熟。此外，能源的公共外部性和代际外部性特征，决定了谈判和协商的过程无法进行。首先，能源的公共外部性使得受外部性影响者众多，污染者不可能和受污染者一一进行谈判；同时，由于受污染者的经济收入水平高低不一，也无法确定统一的赔偿金额，即双方不能达成一致意见。其次，能源的代际外部性使得当代人消耗能源带来的环境污染将延续影响到后一代甚至后几代人，而后代人根本无法同前人进行谈判，更谈不上索取赔偿了。因此，自愿协商制度也不适用于解决能源外部性的问题。

3. 排污权交易

排污权交易是经济学家戴尔斯在科斯定理的基础上提出的，他将政府作用和市场机制融合起来共同解决外部性问题。排污权交易制度的具体做法是：首先由政府向企业发放排污许可证，企业根据排污许可在特定区域内排放一定数量的污染物；排污许可证及其所代表的污染权是可以买卖的，企业及其他经济主体可以根据自身的需要，在市场上买进所需的排污量或卖出多余的排污量。排污权交易的主体主要是政府和企业以及企业和企业。而能源的消费外部性特征表明，除在工业生产中广泛应用能源之外，家庭生活用能也占据较大比重，因此存在消费者分布零散、排污量小者数目居多的特点。若采用排污权交易，一方面政府无法针对个人或家庭发放排污许可证，另一方面政府无法对排污权的市场交易进行有效监控。因此，利用排污权交易制度解决能源外部性问题同样是不适用的。

综上所述，为消除能源的外部不经济，政府干预市场过程中能够采取的可行措施包括：

第一，对产生外部不经济的行为征收税款或收取费用。

第二，对减少外部不经济的行为提供财政补贴、税收或贷款优惠等激励措施。

第三，由国家制订相应的法律法规禁止执行外部不经济行为。

第四，由政府部门利用行政指令对产生外部不经济的行为进行管制。

第四节　能源政策的指导原则——公共选择

一、公共选择理论的起源和发展

公共选择理论起源于20世纪40年代末至50年代初，是针对传统经济学领域中的一些争论而产生和发展起来的。第二次世界大战之后，以《就业、利息和货币通论》一书的出版为代表的凯恩斯主义成为新的主流经济学，使得通过政府干预来弥补市场缺陷的理论研究达到高潮。凯恩斯理论认为市场经济的内在缺陷必然导致经济衰退和严重失业，而只有国家的干预才能解决市场失灵问题。但是在随后的实践中证明，政府对市场经济的干预并不像理论所设想的那样有效，财政赤字、通货膨胀和失业等问题仍严重困扰着国家经济。而且，随着公共经济活动的扩大，政府干预对经济产生了不利的影响，表现为效率降低、稳定破坏以及收入分配不公平愈演愈烈。经济学界对传统经济学理论的不满情绪逐渐广为传播，公共选择理论就是在这种情况下孕育而生的。公共选择学派将经济学的分析方法引入政治领域，运用效用最大化、供求分析等经济学方法对政府机构、政党、利益集团和选民在政治决策过程中的行为模式进行系统研究，开拓了经济理论研究的新篇章。早在1896年，瑞典的威克塞尔在《财政理论研究》一书中就提出了现代公共选择理论的3个基本要素——方法论上的个人主义、个人行为的有限理性、政治和社会对经济的作用，他认为仁慈君主和国家谋求公众利益在自由市场经济条件下是不可能的，资源配置和再分配之间的区别十分重要，并且认识到必须以各自独立的投票程序来做出这些决策。1938年亚伯拉姆·柏格森在对社会福利函数的创新性分析中表明，可以将经济学家的个人主义、功利主义伦理学融入政府的目标函数之中。1951年肯尼斯·阿罗的《社会选择与个人价值》一书在柏格森论文的基础上，刻画了社会福利函数得以实现的市场或政治过程的特征。以此为起点，相关文献开始大量涌现，这些文献研究的焦点集中于在个人偏好给定的情况下应当选择何种社会状态的问题，其中对社会福利函数的研究发展成为规范性公共选择的主要部分[66]。被誉为“公共选择理论之父”的詹姆斯·M·布坎南于1954年发表了两篇专门研究公共选择的文章——《社会选择、民主政治与自由市场》和《投票中的个人选择与市场》，着力探讨了市场中的个人选择与投票中的个人选择之间的关系[67,68]。安东尼·唐斯于1957年发表《民主的经济学理论》，试图通过把注意力集中于政党行为而构建起一种类似于市场理论的政府理论，他指出在西方民主制度下，政治家们制订经济政策时主要考虑的是政策对再次当选可能性的影响，而对社会总福利函数的改进和效率提高的努力只不过是这一过程的副产品[69]。邓肯·布莱克于1958年发表的《委员会与选举理论》，对政治的公共选择和全体成员投票程序进行了创造性研究。1962年詹姆斯·M·布坎南和戈登·塔洛克合著的《同意的计算》，为现代公共选择理论奠定了强有力的基础[70]。1969年布坎南和塔洛克在弗吉尼亚州共同创建了公共选择研究中心，并编辑出版了《公共选择》杂志。1982年，公共选择研究中心扩展到乔治·梅森大学，吸引了越来越多的学者加入公共选择学派，他们利用公共选择理论来研究公共财政政策、分析市场失灵与政府失灵，为经济、政治机制的运行奠定理论基础，公共选择理论由此得到迅猛发展。

二、公共选择理论的主要内容

经济领域和政治领域是相互依赖的，一方面，政治领域的主体——政府需对经济领域中的市场失灵问题进行调控和整治；另一方面，社会经济状况的好坏决定了政府能否赢得人民的支持，而政府为了获得人民的支持(以投票形式表现)，将如何有效配置资源、干预经济领域、制定和实施政策作为它的一项重要工作[71]。公共选择理论是架在经济领域和政治领域之间的理论桥梁，主旨在于应用经济学的理论假定和分析方法来研究非市场决策的选择与制定，其在政治经济学、公共财政理论的基础上对传统经济理论进行延伸和扩展，从理性的利己主义行为假定中发展出了一系列解释性和预测性的定理。

(一) 投票理论

公共物品(public goods)是指“不论每个人是否愿意购买它们，它们带来的好处不可分开地散布到整个社区里的产品”，具有 3 个基本特性：效用的不可分割性、消费的非竞争性和受益的非排他性。例如国防、治安、教育、医疗、环保、交通、市政建设等公共设施及公共服务，每个人对这些物品或服务的消费既不会阻止、也不会减少其他任何人对该种物品或服务的消费。由于公共物品具有与私人物品完全不同的特征，因此，市场机制无法有效地配置公共物品的供给和需求。公共选择理论认为公共决策(非市场决策)的形成是社会中不同个体之间利益平衡的结果，阐明了将个人偏好转化为公共决策的方法和程序——投票规则(见图 2-5)。肯尼斯·阿罗将投票描述成“一种纯粹的社会选择行为……社会按照选定的投票制度加总选票作出选择[72]”，投票已经成为解决公共物品资源配置的有效机制。

投票理论的主要内容包括：

1. 个体理性

首先，人是理性个体。公共选择理论认为人都是关心个人利益的，是理性的“经济人”，并且是效用最大化的追逐者，将根据自身的偏好及有限的社会资源迫使自己就需要进行选择的问题做出合适的决策。它假设政治领域中的个人像市场中的个人一样，理性地按照他们自己的获益方式行动，选择确保实现自身利益最大化的相应决策。由于公共物品是向社会上的所有人共

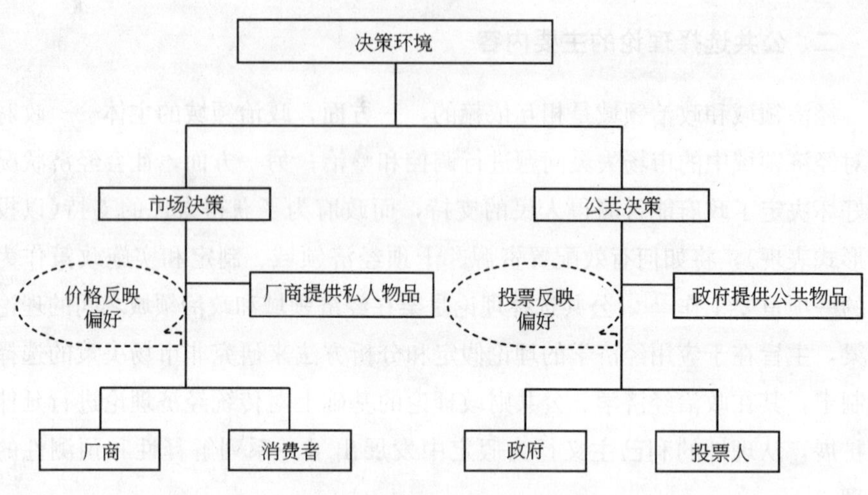

图 2-5　市场决策和公共决策示意图

同提供的，因此必须借助于集体选择过程来进行决策。集体选择即是个体效用函数中的各种差异得以逐渐协调的过程。当个体选择通过某种特殊的决策规则而被结合在一起时，集体选择就成为个体选择的结果[70]。

其次，个体理性是有限的。同时，公共选择理论也认为个人掌握的知识是不充分的、信息是不完全的，在政治过程中，个体参与者对于自身选择的决策会对自身带来何种后果是不确定的，这种特殊的不确定性因素限制了个体理性在公共选择中的实用性。公共选择是由个体通过民主政治过程来决定公共物品的供给和产量，当出现个人利益相互冲突的情况时，只能通过一定的投票规则来达成意见一致。

2. 一致性规则

由于公共物品能使所有人都从中受益，因此，从理论上讲，公共物品供给的投票规则似乎应该是全体一致同意。威克塞尔是第一个将所有人从集体行为中受益的可能性与全体一致通过规则联系起来的学者，他认为政治代理人的决策必须受到全体一致同意规则的制约，建议通过一致性规则使每件公共物品由一项独立的税收来融资，由此构成税收“新原理”。利用一致性规则，能够获得达到帕累托最优状态的公共物品的数量和公共决策的制订规则，确保全体成员都能得到最大限度的满足。但是在现实生活中，全体一致同意是很难达到的，原因主要在于：其一，在各个成员偏好不相同的大型社区内，寻找符合帕累托标准的一个均衡点可能需要相当长的时间，一些成员在寻找一致性过程中的时间损失可能会超过他们获得的收益，这种情况下他们宁可投否决票而不愿再浪费时间去要求一致性的通过；其二，当不同成员之间的效用函数存在较大差异时，为达成一致意见就要经过谈判和协商，参加协商的人员越多，所需费用就越高，达成一致意见的可能性就越小，而当决策成本相当高时，社会就会因为缺乏决策效率而遭受损失；其三，由于信息是不对称的，当某个成员掌握更多信息时，他可能会迫使其他成员投赞同票以使自身获得最大利益，但如果还有其他成员也掌握同样多信息并采取同样行动时，最终结果就取决于双方讨价还价的能力。

3. 多数通过规则

由于一致性规则难以实现，经半数以上投票人同意即获得通过的多数通过规则成为广泛适用的投票规则。多数通过规则可能会诱导人们去结盟以及为了得到再分配利益去重新解释议案，因此，必然导致议案的循环。当出现无休止的循环时，多数通过规则只有专断，否则无法选出获胜的议案[73]。邓肯·布莱克在委员会选举行为中分析了该问题，得出结论表明：在公共物品和效用的组合空间内，当投票人的偏好为双峰时，循环将会产生；当投票人的偏好为单峰时，循环就会消失(见图 2-6)[74]。

布莱克还发现如果投票人的偏好在一维上描绘，那么该均衡就位于中位数投票人的单峰偏好点。由此推导出直接民主制下的中位数投票人定理：如果 x 是单维的议案，且所有投票者的偏好在 x 上是单峰的，那么中位数 x_m 在多数通过规则下不会失败。安东尼·唐斯提出了两党制的政治竞争模型，论述了中位数投票人定理在代议民主制下的适用性。他首先假设代议制民主中，各个党派是为了赢得选举而制定政策，而不是为了制定政策去赢得选举。由于两党都力图使自己的政策向中间位置靠拢以寻求最多选票，中位数投票人所偏好的政策将胜出，同时中位数投票人定理所产生的作用将会使社会福利损失减少到最低限度。

多数通过规则虽然可以弥补一致性规则中决策成本过高的不足，但也有其自身的缺点，例如：容易产生专制行为，决策结果不断循环，少数人操纵投票过程，策略性投票等。这两种投票规则适用于不同的假设条件(见表 2-7)。

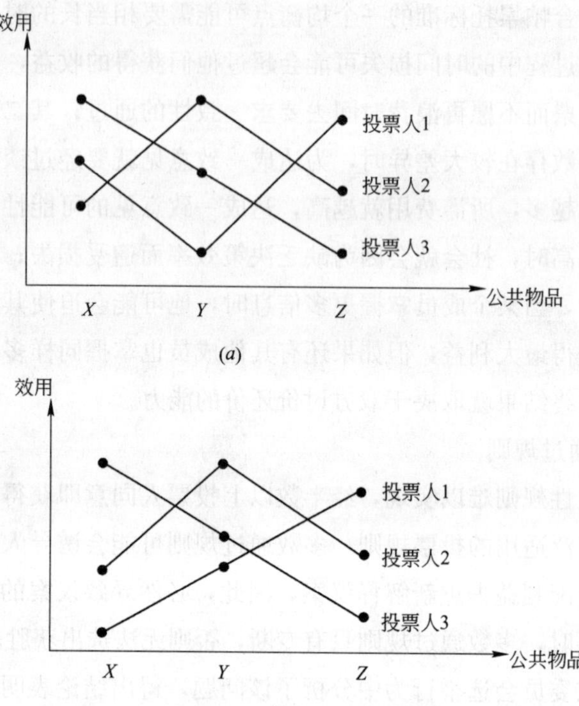

图 2-6 投票人不同偏好的图形表示

(*a*)投票人 1 偏好为双峰，投票人 2 和 3 偏好为单峰；(*b*)投票人 1、2 和 3 偏好均为单峰

多数通过规则和一致性规则的假设条件 **表 2-7**

假 设	多数通过规则	一 致 性 规 则
1. 对策的性质	冲突的，零和的	合作的，正和的
2. 议案的性质	再分配，产权(某些利益、某些损失)，单维的相互排斥议案	配置效率改善(公共物品、外部性消除)，具潜在多维度议案，且所有人都可从中获益
3. 强度	所有议案相等	无假设
4. 委员会的组成方式	非自愿性，成员是外生地、随机地聚在一起	自愿性，有共同利益和相似偏好的人联合在一起
5. 退出的条件	阻碍的，代价昂贵的	自由的
6. 议案的选择	外生地或无偏好地提出	由委员会成员提出
7. 议案的修正	为避免循环而有约束或排斥的	委员会决策过程中内生的

(资料来源：［美］丹尼斯 C. 缪勒. 公共选择理论［M］. 北京：中国社会科学出版社，1999.126。)

4. 不可能性定理

美国经济学家阿罗在其《社会选择与个人价值》中提出了“不可能性定理”，证明在投票过程中多数通过规则并不能代表多数社会成员的意志，或者说，无强制或无独裁的公共选择并不存在。阿罗提出，要真正体现全体社会成员的意志，达到符合帕累托原则的社会状态，社会福利函数必须能够同时满足以下 5 个假设条件[73,75]：

◇ 全体一致性（帕累托假设条件）。如果一个人的偏好没有招致其他人的任何一种对立的偏好的抵制，就把这一偏好保留在社会偏好序列中。

◇ 非独裁性。没有任何一个人能够享有这样的权利，即无论何时当他在任意两个备选方案中表达出某种偏好而所有其他人表达出相反的偏好时，他的偏好却总能保留在社会偏好序列中。

◇ 传递性。社会福利函数对所有可行的备选方案给出一种一致的序列。也就是说，$(a>b>c)\to(a>c)$，以及$(a<b<c)\to(a<c)$。

◇ 值域性（无限制的区域）。存在着这样一种“普遍的”备选方案 u，它使得对任一对其他备选方案 x 和 y 以及对每个人，u、x 和 y 之间 6 种可能的严格序列中的每一种序列必定被包括在个人对所有备选方案的某种可接受的排列之中，即社会选择过程允许 3 个备选方案 x、y 和 u 的任何一种可能的排序。

◇ 无备选方案的独立性。对任意两个备选方案之间的社会选择，必须仅仅取决于人们对它们的排序，而不依赖它们相对于其他备选方案的排序。

阿罗强调指出，在现有的信息条件下，根本没有一种办法，能够同时满足以上 5 个条件。对此可举例进行简单说明（见表 2-8）。

阿罗不可能性定理的证明 **表 2-8**

选择顺序＼选民	方案		
	X	Y	Z
甲	第一	第二	第三
乙	第三	第一	第二
丙	第二	第三	第一

在表 2-8 中，按照 3 位选民对备选方案的选择，利用多数通过规则，可排列出 3 种方案的次序：首先，比较方案 X 和 Y，由于甲和丙均选择 X 优

于Y，因此可得出X优于Y的结论；其次，比较方案Y和Z，由于甲和乙均选择Y优于Z，因此可得出Y优于Z的结论；最后，比较方案X和Z，若按照传递性原则，X优于Y和Y优于Z可得出X优于Z的结论，但实际上乙和丙均选择Z优于X，此时就会出现多数通过规则无法满足多数选择意愿的状态，即“投票悖论”。

阿罗的不可能性定理提示了政治决策过程中矛盾的内在原因，表明政府在制定政策时若想使全体社会成员的福利实现最大化，是根本不可能的，政策制定和执行中的强制性和独裁性是不可避免的。

(二) 俱乐部理论

俱乐部理论的奠基人是布坎南和蒂鲍特，布坎南描述了俱乐部规模的确定，即提供准公共物品的数量和最优条件；蒂鲍特则将该理论引申到地方性公共物品的提供，建立了使整个社会达到帕累托最优状态的“用脚投票”模型。这里的俱乐部是指一个提供排他性公共物品的自愿协会，行政社区和地方政府是广义上的俱乐部。俱乐部使其所有成员从准公共物品中获得收益，而成本由全体成员共同分担[76]。俱乐部理论可广泛应用于社区与城市规模、公用事业、行业规模、政府分权、决策制定等方面的研究。

1. 布坎南的“俱乐部均衡理论”

布坎南使用了游泳俱乐部的模型来研究自愿俱乐部的效率性质，在该模型中个人对公共物品和私人物品有着同样的爱好。假定游泳池规模和总成本是固定的，俱乐部成员的爱好和收入是相同的，则成本可以平均分摊。增加一名新成员给老成员带来的边际收益表现为老成员成本负担的减少，而从新成员获得的额外收益将随着俱乐部人数的增加而逐渐下降，俱乐部的最优规模将由新增一名新成员带来的边际成本上升和其分摊不变成本而给老成员带来的边际收益下降相等的点来确定。如图 2-7 所示，在边际收益(MB)和边际成本(MC)两条曲线相交处，俱乐部拥有的成员数量达到最优，自愿加入俱乐部的成员共享利益、共担成本，个人和集体都将获得收益与成本的均衡。该理论也可用来说

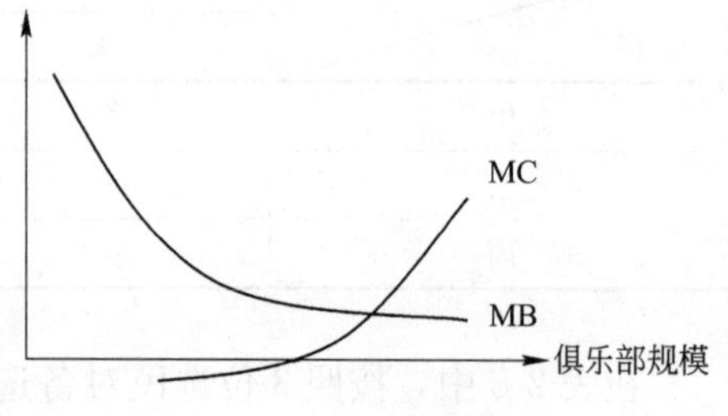

图 2-7　俱乐部最优规模的确定

明纯公共物品和私人物品的情况，对纯公共物品而言，多增加一名新成员不会减少老成员对整体利益的享用，因此俱乐部的最优规模是无限的；而对私人物品而言，多增加一名新成员将使得老成员损失的效用大大降低，可能超过由此带来的收益，因此俱乐部的最优规模为1，即只有一名成员。

2. 蒂鲍特的"用脚投票理论"

公共物品按时空划分，可分为全国性公共物品和地方性公共物品，地方性公共物品由地方政府提供，受益范围为地方政府管辖区，而随着消费者的增加，会产生规模经济和拥挤成本，降低原有消费者的效用，从而具有消费的竞争性。不同的区域可能会提供不同的公共物品，当人们在不同社区或城市之间可以自由流动时，就会主动地选择使自己效用达到最大化的社区或城市居住，从事自己的工作，维护和接受当地政府的管辖，这种通过迁移流动而显示自己偏好的行为，就像是无言的用脚投票，传统投票机制中的缺陷将得以消除。"用脚投票"达成的全体一致性规则，是一种分权决策机制，具有获得地方公共物品最优配置的内在动机，可以自动地实现全社会的帕累托最优状态。但是，"用脚投票"必须符合以下假设条件才能实现全局最优[73,77]。

◇ 所有市民的完全流动性；

◇ 所有社区(俱乐部)特征的完整知识；

◇ 社区(俱乐部)可能选择的范围涵盖了市民希望的公共物品可能性的所有范围；

◇ 没有生产公共物品方面的规模经济和(或)没有相对于人口规模的最小生产的最优规模；

◇ 社区之间没有溢出效应；

◇ 人们没有关于收益的区位约束。

3. 官僚经济理论

投票理论和俱乐部理论是从需求角度探讨公共物品的最佳数量，而官僚经济理论则是从供给角度对公共物品进行研究，主要分析公共部门的行为动机、行为约束及效率问题。以戈登·塔洛克和安东尼·唐斯为代表的公共选择学派认为，官僚是以追求个人利益而存在的理性"经济人"，官僚机构是公共物品的供给者，官僚行为与官僚机构之间遵循制度约束下的刺激反应。

威廉·尼斯坎宁首次尝试了在公共选择框架内系统研究官僚政治，他列举了一个官僚可能的目标：薪金、职务的特权、公众中的声誉、权力、庇护人的身份、部门的产出、做出改变的自由自在感和管理该部门的自豪感；并认为除最后两项之外，其他各项都与预算的规模有着正向的单调联系，预算是官僚的动机或目标函数，官僚追求预算的最大化以满足个人效用的最大化[78]。由于部门权力和该部门控制的资源规模成正比，官僚既掌握了一切有关公共费用的信息，同时又负责拟定政策草案，如果他们拟定的政策得以实施的话，所属的政府部门将会获得与之相适应的预算。因此，在拟定预算时，官僚所要求的预算成本总是超出实际所需成本，官僚行为必然会带来政府机构膨胀的趋势，并且会阻碍社会福利的增加。

官僚(政府官员)虽然有追求预算最大化的欲望，但它同时也要受到法律或决策制定者的约束和制裁，官僚机构内部一些揭发腐败内幕的官员会随时给执法者提供预算超额的信息。决策制定者以决策如何更好地服务于人民的利益为依据来争取群众的支持(投赞同票)，官僚则以如何更好地评价他们给决策制定者提供的产出为依据来争取晋升和奖金。这两类主要行为者之间的利益有时会发生冲突，如官僚为创造更大的产出，可能会制定超出人们期望水平的预算；而预算过高，将使得选民对决策的制定产生怀疑而投出否决票。

公共选择学派认为市场失灵并不是政府干预经济的充分条件，相反政府也存在失灵的领域，具体体现在公共物品的供给不足、公共部门预算过高、供给成本超过实际所需成本从而造成社会资源浪费等方面。但是，如果一个官僚机构必须与其他机构一起来竞争预算资金，那么它的控制能力会被削弱，将被迫公布较低的预算金额。因此，为抑制官僚机构的规模扩张和消除公共部门的低效率，首先，必须在公共部门中引进竞争机制，打破公共物品供给的垄断；其次，必须强化政府机构的监管力度，成立专门机构科学地评价政府官员的绩效，对提供虚假及超额预算者给予严厉的惩罚。

4. 寻租理论

按照安娜·克鲁格的定义，寻租是指“那种利用资源通过政治过程获得特权，从而构成对他人的伤害，有理由说对他人损害大于租金获得者收益的行为[79]”。企业集团或个人通过影响政府的公共决策为自己谋取利益的行为即为寻租。

如图 2-8 所示，D 为产品需求曲线，S 为产品供给曲线，供给曲线具有完全弹性，表示竞争市场的长期条件。在完全竞争的情况下，产品的销售价格为 P_c，产量为 Q_c。当政府赋予厂商垄断权时，垄断者为了实现利润最大化，就会将均衡点确定在自身边际成本等于边际收益处(而不考虑行业整体收益)，将产量限制在 Q_m，而价格提高到 P_m，由此获得垄断利润，即矩形 P_mP_cBA 的面积。但是由于垄断致使消费者剩余减少的数量却等于梯形 P_mP_cCA 的面积，生产者剩余的增加并不能弥补消费者剩余的减少，寻租行为追求的垄断结果造成了社会福利的损失。

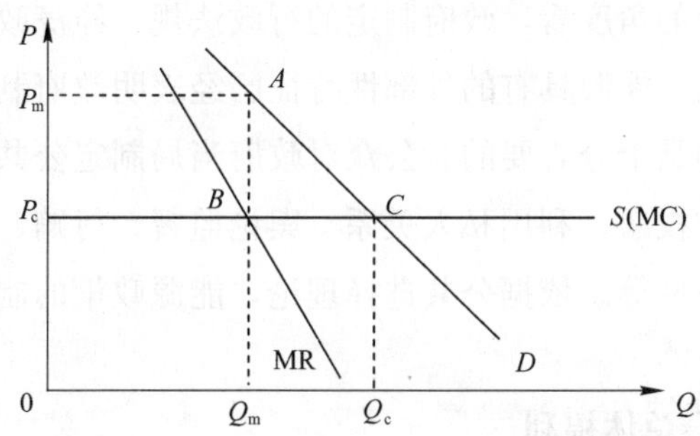

图 2-8　寻租行为中社会福利的损失

由于政府可以帮助创建、提高或维护某个集团的垄断地位，因此集团将通过游说、贿赂和收买政府官员等方式以求获取垄断特权、得到垄断租金。这种寻租行为将导致社会资源的浪费，詹姆斯·布坎南将对社会来说可能是浪费的寻租支出划分为 3 种类型[73]：

(1) 这种垄断权潜在获得者的努力和支出；

(2) 政府官员为获得潜在垄断者的支出或对这种支出做出反应的努力；

(3) 垄断本身或政府所引发的第三方资源配置的扭曲。

只要信息和流动性的不对称阻碍着资源的流量，就存在着租金，而只要有租金，就会不可避免地产生寻租行为。公共选择中有可能出现政治家和政府机构凭借特权和垄断信息优势，对利益集团和广大选民的利益造成侵害，使政府的寻租行为恶化整个资源配置环境，造成资源配置的社会成本增加，引起收入的不公平分配和政治秩序的混乱；同时，还会出现政府部门极度膨胀，增加市场经济的运行成本，使市场经济效率和政府自身效率降低。在政府规制政策、国际贸易中关税和配额政策以及公共投资项目中都存在明显的寻租行为。寻租的结果是使部分集团和个人的利益获得提高，而社会的整体福利降低。寻租理论证明，政府干预有时候正是资源配置扭曲之源，它可能带来更多的寻租行为和更高的交易成本。因此，政府在对市场失灵领域进行干预的同时，必须考虑到如何避免寻租行为，其中最重要的一点就是要尽量避免建立可能创造租金的制度，这样才能从根本上打击为获取租金而进行的权钱交易行为。

三、制定满足公共选择要求的能源政策

从制度经济学的角度看，政府制定的行政法规、经济政策等都是公共部门提供的公共物品。能源具有的外部性特征已经表明政府制定相关的能源政策对市场进行干预是十分必要的。公众对政府当局制定公共决策施加影响的方式有很多，例如投票、利用私人关系、舆论监督、行贿、为政府官员提供不同形式的便利条件等。依据公共选择理论，能源政策的制定应满足以下几方面的要求：

（一）提高社会总体福利

各国发展历程中的实践经验均表明，任何政策的制定必须符合大多数人的愿望，以增加社会总体福利为目的，才能受到公众的支持和拥护，由此获得较多的赞同票，为政策的顺利实施提供保障。因此，制定一项能源政策，需致力于从根本上解决当前阻碍各国社会和经济发展的能源问题，要从长远利益出发，制定既维护当代人利益又不使后代人利益受损的能源可持续发展战略。如果随意采用单独处理某个问题的战略，盲目出台只着眼于当前或本地区能源问题的政策，治标不治本，在缓和某一方面的同时却又使另一方面恶化而带来新的难题，最终的结果将降低整个社会的福利，此时，社会公众所投的反对票可能超过赞同票，制定的政策将无法继续实施。通常情况下，同那些为实现单个目标的行动相比，人们更愿意为同时实现多个目标的行动付出代价，即只有那些能够同时解决能源短缺、环境污染和全球气候变暖等多方面问题的能源政策，才会有更多的人投赞同票。

（二）吸引公众积极参与

假设有两个社区 A 和 B，社区 A 内政府颁布实施了一定的能源政策，社

区 B 内则没有实施能源政策，能源政策涵盖的范围即为社区的规模，成员进入社区 A，须执行能源政策的规定；进入社区 B，则无须执行能源政策的规定。设社会成员在社区 A 和社区 B 内是可以自由流动的，那么依据蒂鲍特的“用脚投票”理论，每一名成员都会从自身利益最大化角度出发，自觉地选择能够最大限度上满足个人偏好的社区居住。如果人们认为能源政策的颁布实施可以增加自身的福利，他们就会主动地执行政策的相关规定，即选择进入社区 A，从中享受政策给自己带来的增量收益；如果人们认为能源政策的颁布实施并不会增加自身的福利，他们就会逃避执行政策的相关规定，即选择进入社区 B(特殊情况下，即使政策为强制性法律规定，也会有一些人甘愿冒违法的风险而拒不执行)，宁可维持现状而避免产生利益损失。这种无言地表达自身偏好的方式，即是公众对能源政策“用脚投票”的结果。

只有当一个人加入社区 A 所获得的净收益增量等于或者大于他离开社区 B 所失去的净收益增量时，迁移才是可能的。公式为：

$$\sum_{i=1}^{n} \Delta U_{\mathrm{A}}^{i} \geqslant \left| \sum_{i=1}^{m} \Delta U_{\mathrm{B}}^{i} \right|$$

因此，政府在制定能源政策时，必须从政策涉及主体的利益角度出发，考虑如何确保集团或个人的利益不受侵害，这样才能真正有效地推动政策的广泛实施，最终实现政策制定的目的。

(三) 避免政府失灵出现

由于政府中存在寻租行为和官僚思想，在政府干预市场失灵领域时，政府失灵也是会同时出现的。任何新政策制定实施后，总会有一部分人收益增加，而另一部分人收益减少，此时某些集团或个人就会通过直接或间接地干扰公共决策的行为为自己谋求更多的利益，在面对收益减少者的巨大贿赂时，政府有可能会降低政策的执行力度或使新政策形同虚设。由于人们将花费更多的时间组织游说政策制定者和监管者，用更少的时间去执行政策及按规定生产物品和提供劳务，政策执行难以达到预期效果，经济进步将受到限制。而政府官员作为公共决策的提供者和公众的代理人，拥有双头垄断的地位，对个人利益的追求将促使成本不断增加，部门预算不断扩充，而导致社会效率的降低。因此，能源政策制定和实施过程中，要尽量避免包含可能导致贿赂行为的政策条款，对有寻租倾向和官僚行为的政府官员进行严格的监督和管理，采取一切措施降低政府失灵的概率。

第五节 能源政策的类型

政府具有保证效率、平等和稳定的职能。它对市场经济中的低效或无效行为予以矫正，运用收入再分配、资源再配置等措施消除社会群体之间的不平等，减少失业和通货膨胀，削平经济周期的高峰和低谷，达到维护社会公平与发展的目的。在解决能源外部性问题的过程中，世界各国均将“看不见的手”和“看得见的手”两种手段混合起来，共同进行资源配置，以弥补能源具有的负外部性缺陷。按照不同的分类方法，能源政策可分为以下几种。

一、能源生产政策、能源流通政策和能源消费政策

按能源产品从产生到消亡的全寿命周期过程，针对不同的阶段和不同的适用对象，可将能源政策分为能源生产政策、能源流通政策和能源消费政策。能源生产政策适用于从事能源勘察、开采、加工等行为的主体；能源流通政策适用于从事能源运输和贮藏行为的主体；能源消费政策适用于从事能源消耗和利用行为的主体。我国在建国初期由于石油、电力等能源紧缺，颁布了一系列旨在提高能源供给能力的生产政策，在一段时期内有效地保证了工业生产和人民生活所需能源的供应。但是，随着经济的发展和社会的进步，人们对于能源的认识已经从短视和个人角度上的取之不竭、用之不尽，转变为长远和全局角度上的总量有限、减少浪费，能源政策的重点从鼓励开采加工的能源生产政策逐渐转向鼓励节约利用的能源消费政策。

二、强制型能源政策和激励型能源政策

（一）强制型能源政策

强制型能源政策即是政府通过强迫某些行为主体从事特定的活动以实现既定目标，也称之为直接控制政策。采用的政策工具通常包括各级立法机关颁布的法律法规、国家各级政府部门制订的规章制度及下发的行政指令等。凡是法律法规或行政指令涉及的行为主体，都必须无条件履行和实施相关的标准及要求。例如美国的能源节约法和能源政策法、丹麦的可再生能源法、

中国的能源法和电力法以及各国对能源的价格管制等。

(二)激励型能源政策

激励型能源政策即是政府非强迫而是通过影响引导行为主体决策的方式来达到既定目标，也称之为间接控制政策。激励型能源政策旨在对市场活动进行间接干预，以市场机制自行调节为主，针对市场失灵领域，运用经济手段刺激市场主体，鼓励其多从事减少能源外部不经济的行为。采用的政策工具通常包括补贴政策、税收政策和金融政策等。涉及到的相关行为主体可从自身利益最大化角度出发，自主决定是否享受优惠政策及选择何种政策。例如目前一些国家和地区实行的差别电价、为鼓励某些节能设备和节能材料的使用而提供的补贴及税收优惠等。

(三)两种政策的比较

强制型政策适用于必须要求强迫执行的情况，但若政策执行过程中无适宜的管理和监督措施，可能执行效果不显著，因此，政府要用较高的成本支出以维持全面的管理和监督；激励型政策给予了行为主体较高的自主权，若政策实施能使大多数人福利增加，则人们会主动执行而无需严加监管，政府支出可大大减少。此外，强制型政策若致使一部分人的自身利益受到损害，则利益受损人会采取各种措施设法阻碍政策的实施，导致政府寻租行为的滋生；相比之下，激励型政策中的利益受损人则无需干扰政策执行，仅采用维持原状的方式即可，降低了政策执行受阻和政府寻租行为的可能性。因此，在开放的经济发展空间下，采用激励型政策能够更为快速有效地实现决策目标。

三、数量型能源政策、质量型能源政策和改革型能源政策

根据丁伯根于1956年提出的一种政策分类方法，按照政策的影响效果，可将政策分为数量型政策、质量型政策和改革型政策[80]。数量型能源政策是指改变现有数量值的相关政策(如改变能源产出量、改变能源使用效率等)；质量型能源政策是指在不使现有经济体系发生重大变化的前提下，引入一种新政策或者取消已有的旧政策(如开征一项新税、规定银行新的贷款利率等)；改革型能源政策是指使现有经济体系特征及规范其运行的规则发生重大变化而结果莫测的新政策的实施或旧政策的废除(如能源产权界定、能源

结构调整等)。

四、自动规则型能源政策和相机抉择型能源政策

按照政策执行过程，可将政策分为自动规则型政策和相机抉择型政策[81]。自动规则型能源政策是指自动发挥作用的政策，在执行过程中并不进行相应调整；相机抉择型能源政策是指决策制定者在对具体情况进行分析评价后，在执行过程中可以随时调整的政策。由于政府实施政策和调整政策之间具有一定的时滞性，这既包括需要采取行动的事件发生时间与政府认识到需要对其干预的时间之间的观察时滞，又包括政府认识到需要采取行动调整政策与实际采取行动之间的管理时滞。因此，自动规则型政策比相机抉择型政策具有较强的适用性，能使政府干预更为迅速。

第三章　中国终端能耗现状

第一节　能源供给和需求

中国的能源总储量居世界第三位，但人口占世界总人口的20%以上，人均能源可采储量和人均能源消费量均低于世界平均水平，能源供给相对短缺。

一、能源供求差距大

建国初期，中国的能源生产基础设施落后，能源严重短缺，政府花费较大精力来扩大能源生产能力、增加能源供给量，很快就保证了能源的供给，满足了生产和生活中基本的能源需求。但是随着经济的快速发展和能源供给资源的相对有限，能源供给和需求之间的缺口逐渐拉大，差距最高曾达到23309万t标准煤(见表3-1)。能源消费总量中，终端能耗一直占据较高比重，保持在95%左右。自1993年中国成为石油净进口国之后，中国的石油对外依存度从1995年的7.6%增长至2000年的33.8%，预计到2020年，石油进口量至少将达到2.2亿t左右，对外依存度将接近60%。大量进口石油不仅受制于有限的外汇储备，而且存在着经济的安全隐患。2003年，我国有21个地区先后出现拉闸限电的情况，电力短缺已经从局部地区的夏季高峰期或枯水期电力短缺转变为全年持续性和随机性的电力短缺，能源一度吃紧，给居民生活和工业生产带来了很大的不便。

二、人均能源可采储量低

中国的能源资源储量虽然比较丰富，但能源富矿资源少、勘探程度低、开发利用难度大；能源资源分布与经济布局不相匹配，80%的能源资源分布

中国能源供求量(1992～2004 年)　　单位：万 tce　　**表 3-1**

年　份	能源生产总量	能源消费总量	供求差距
1992	107256	109170	－1914
1993	111059	115993	－4934
1994	118729	122737	－4008
1995	129034	131176	－2142
1996	132616	138948	－6332
1997	132410	137798	－5388
1998	124250	132214	－7964
1999	109126	130119	－20993
2000	106988	130297	－23309
2001	120900	134914	－14014
2002	138369	148222	－9853
2003	159912	170943	－11031
2004	184600	197000	－12400

(资料来源：国家统计局．中国统计年鉴 2005［M]．北京：中国统计出版社。)

在西北部地区，而 60％的能源消费却集中在东南部地区，这给能源运输造成很大的压力；再加上人口众多，实际上人均可利用的能源储量非常低。2000 年中国人均石油可采储量为 2.6t，人均天然气可采储量为 1074m^3，人均煤炭可采储量为 90t，分别为世界平均值的 11.1％、4.3％和 55.4％[82]。截至 2002 年底，中国的煤炭资源量约为 10202 亿 t，已探明可直接利用的煤炭储量为 1886 亿 t，预计可保障 100 年左右的开采，而世界 7 个煤炭大国中(美国、中国、澳大利亚、印度、德国、南非、波兰)，其余 6 个国家的储采比均达到 210 年以上，远超过中国[83]。中国的石油资源量为 930 亿 t，天然气的资源量为 380000 亿 m^3，现已探明的石油和天然气可采储量只占资源量的 20％和 6％，仅够开采几十年。因此，中国的常规能源并不丰富，潜在的能源危机随时可能爆发。中国可再生能源中，水能居世界第一位；太阳能居世界第二位；潮汐能、地热能、风能和核能都很丰富，但利用率极其低下，均不及发达国家的一半。

中国的人均能源生产量虽然在逐年递增，从 1990 年的 790kg 标准油提升到 2002 年的 950kg 标准油，增长了 20 个百分点，但是仍远远低于发达国家，仅占到世界平均水平的一半左右(见表 3-2 和图 3-1)。

国内外人均能源生产量(1990～2002 年)　单位：kg 标准油　**表 3-2**

	1990	1995	1999	2000	2001	2002
中　国	790	896	867	874	892	950
美　国	6617	6326	6052	5935	5938	5726
德　国	2344	1776	1669	1646	1635	1635
法　国	1972	2201	2172	2230	2246	2250
英　国	3614	4394	4805	4621	4455	4348
加拿大	9848	11891	12032	12182	12202	12325
澳大利亚	9239	10349	11193	12104	12845	13060
世界平均	1677	1649	1640	1663	1664	1656

(资料来源：根据《国际能源机构统计年鉴》计算得出。)

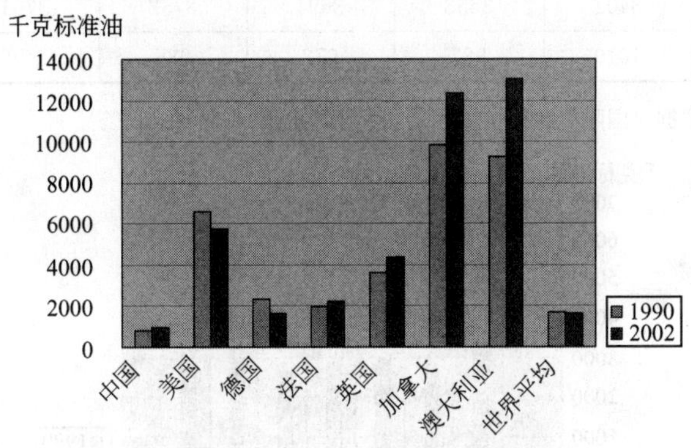

图 3-1　人均能源生产量国内外比较(1990 年和 2002 年)

三、人均能源消费量低

世界能源机构的统计数据表明，2002 年世界能源消费总量为6095260 万 t 标准油，其中美国能源消费总量为 1557390 万 t 标准油，占世界能源消费总量的 25.55%，居世界第一位；中国能源消费总量为 608130 万 t 标准油，占世界能源消费总量的 9.98%，居世界第二位。但是，中国的人均能源消费量一直处于较低水平，2002 年人均能源消费量为 473kg 标准油，世界人均能源消费量为 979kg 标准油，中国仅相当于世界平均水平的 48.3%，美国的 8.85%，加拿大的 7.77%，澳大利亚的 13.07%，德国的 16.19%，远远低于发达国家水平(见表 3-3 和图 3-2)。随着人民生活水平的提高，中国的人均能源消费量必会逐渐上升，与此同时，能源供求矛盾将愈加突出，能源紧缺的问题将愈加严重。

国内外人均能源消费量(1990～2002 年)　单位：kg 标准油　**表 3-3**

	1990	1995	1999	2000	2001	2002
中　国	428	495	451	448	453	473
美　国	5239	5305	5349	5551	5394	5351
日　本	2365	2612	2701	2803	2762	2814
德　国	3113	2947	2961	2949	2993	2925
法　国	2593	2713	2873	2854	2940	2835
英　国	2526	2597	2755	2740	2749	2670
加 拿 大	5786	5980	6136	6203	5932	6093
澳大利亚	3402	3553	3694	3752	3761	3622
世界平均	1010	987	972	985	979	979

(资料来源：根据《国际能源机构统计年鉴》计算得出。)

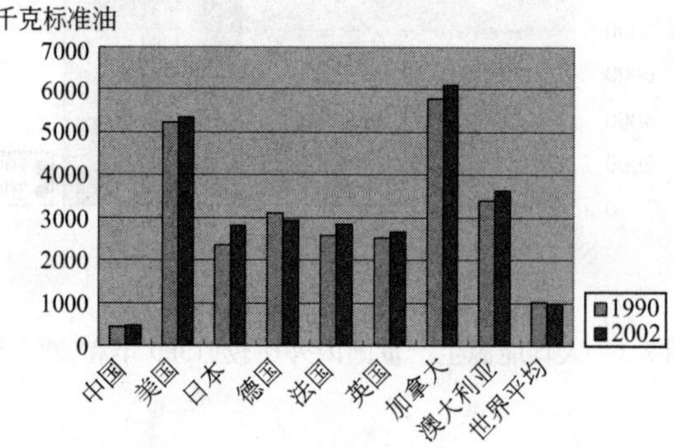

图3-2　人均能源消费量国内外比较(1990 年和 2002 年)

四、能源消费结构不合理

中国是一个煤炭资源丰富的国家，由于煤炭储量高、开采成本低，因而在能源产量和消费量中，煤炭一直位居首位。但是煤炭的利用效率低下，且是大气污染和温室气体的主要排放源，已逐渐被发达国家淘汰。中国也正在寻求多种措施，努力降低煤炭在能源生产和消费结构中的比重，并取得了一定成就：煤炭在能源生产总量中的比重从 1953 年的 96.3%下降到 2000 年的

66.6%，但近两年却又有所回升，2003年升至74.5%(见图3-3)；在能源消费总量中的比重从1953年的94.3%降至2001年的65.3%，近两年也略有上升，2003年增至67.6%(见图3-4)。

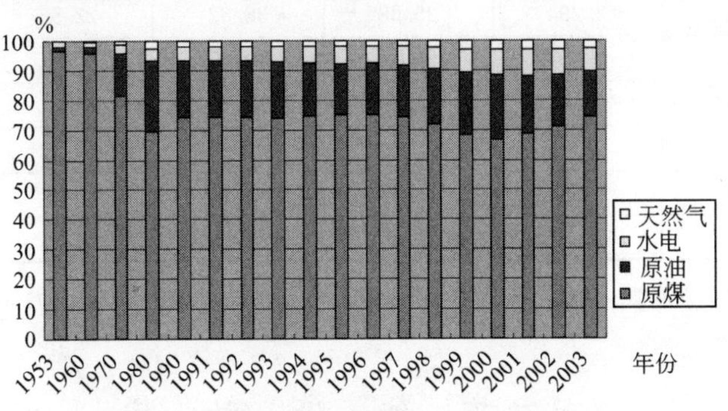

图3-3 中国能源生产构成(1953～2003年)

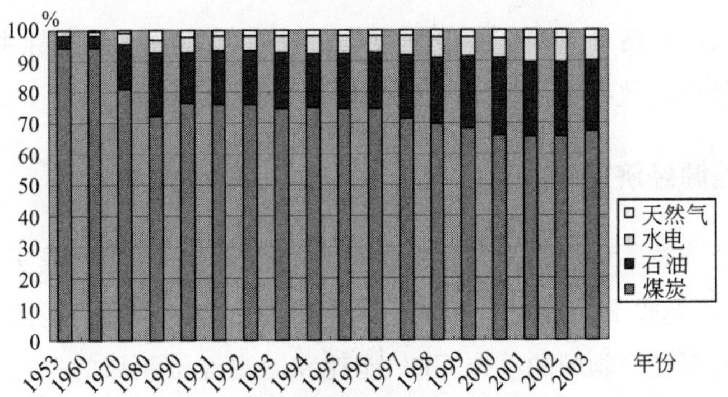

图3-4 中国能源消费构成(1953～2003年)

(资料来源：国家统计局. 中国统计年鉴(1990～2005年) [M]. 北京：中国统计出版社。)

而与世界发达国家的能源消费结构相比，中国煤炭所占比重明显偏高，为世界平均的2.6倍，日本的3.2倍，巴西的9.7倍(见表3-4)。

世界主要国家能源消费结构比较(2002年) **表3-4**

国家	能源消费总量(亿t油当量)	煤炭(%)	石油(%)	天然气(%)	水电及核电(%)
中国	10.365	65.59	24.62	2.71	7.82
美国	22.930	24.15	39.00	26.20	10.64
日本	5.094	20.67	47.62	13.68	18.02

续表

国家	能源消费总量（亿t油当量）	煤炭（%）	石油（%）	天然气（%）	水电及核电（%）
德国	3.294	25.68	38.62	22.56	13.08
印度	3.251	55.61	30.05	7.81	6.55
俄罗斯	6.402	15.39	19.20	54.61	10.81
澳大利亚	1.129	27.89	33.66	19.13	19.32
巴西	1.775	6.76	48.11	6.93	38.20
世界平均	94.050	25.50	37.45	24.26	12.79

（资料来源：宣能啸．我国能源效率问题分析［J］．国际石油经济，2004(9)：35～38。）

第二节　能　源　效　率

一般来说，衡量或评价一个国家(或地区)能源效率的指标主要有两类：一类是能源经济效率指标；另一类是能源技术效率指标。

一、能源经济效率

能源经济效率也称为能源强度，是指产出单位经济量(或实物量、服务量)所消耗的能源量。能源强度越低，能源经济效率越高。能源经济效率指标通常用宏观经济领域的单位GDP能耗和微观经济领域的单位产品能耗来表示。单位GDP能耗指一个国家(或地区)在一段时间内单位国内生产总值消耗的能源量，是一国发展阶段、经济结构、能源结构、设备技术工艺和管理水平等多种因素形成的能耗水平与经济产出的比例关系，它反映了经济对能源的依赖程度以及能源利用的效益。根据外汇汇率折算的单位GDP能耗，可从投入和产出的宏观层次来比较不同国家(或地区)的能源经济效率。从1973—2000年，中国的单位GDP能耗下降幅度较大，下降了60%左右，但仍高于发达国家(见图3-5)。

2001年世界主要国家单位能源强度比较结果表明：中国每百万美元GDP消耗能源1164.1t标准煤，能源强度分别为日本的6.5倍，德国的4.5倍，美国的3.6倍，澳大利亚的2.7倍，巴西的2.3倍，印度的1.2倍(见表3-5)。

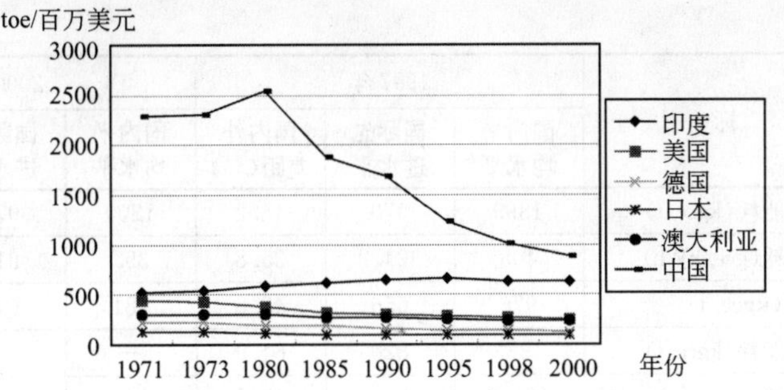

图 3-5 单位 GDP 能耗国内外比较(1971～2000 年)

注：数据以 1995 年为不变价。

(资料来源：日本能源经济研究所．日本能源与经济统计手册［M］．2003。)

世界主要国家能源强度比较(2001 年) **表 3-5**

国　家	GDP (亿美元)	能源消费总量 (万 tce)	每 tce 产出 GDP (美元)	能源强度 (tce/百万美元)	各国比较 (中国＝100)
中　国	11590	134914	859.1	1164.1	100
日　本	41414	73544	5631.2	177.6	15.3
德　国	18461	47958	3849.4	259.8	22.3
美　国	100653	321564	3130.1	319.5	27.4
澳大利亚	3687	16086	2292.1	436.3	37.5
巴　西	5025	24929	2015.7	496.1	42.6
印　度	4773	44887	1063.3	940.4	80.8

(资料来源：GDP 来源于世界银行《世界发展指标数据库》，汇率为当年汇率；能源消费总量来源于《世界能源数据提要》(2003 年)；其他数据自行计算得出。)

而从产品的单位能耗来看，1997—2000 年，中国多数产品的单位能耗虽略有所降低，但与国际先进水平相比差距较大，差距范围从 3%到 120%(见表 3-6)。由此可见，无论是宏观经济领域还是微观经济领域，我国的能源经济效率均明显低于发达国家水平。

主要产品单位能耗国内外比较(1997 年和 2000 年) **表 3-6**

指　标	1997 年			2000 年		
	国内平均水平	国际先进水平	国内外差距(%)	国内平均水平	国际先进水平	国内外差距(%)
原煤生产电耗(kWh/t)	30.9	30.0	3	—	—	—
炼油综合能耗(kgce/t)	118.3	102.4	15.5	117	73	60.3
乙烯综合能耗(kgce/t)	1210	870	39.1	1212	714	69.7

续表

指标	1997年			2000年		
	国内平均水平	国际先进水平	国内外差距(%)	国内平均水平	国际先进水平	国内外差距(%)
合成氨综合能耗(kgce/t)	1399	970	44.2	1200	970	23.7
火电供电热耗(gce/kWh)	408	324.3	25.8	392	316	24.1
钢可比能耗(kgce/t)	976	656	48.8	781	646	20.9
铜冶炼综合能耗(kgce/t)	1352	820	64.9	—	—	—
水泥综合能耗(kgce/t)	181.3	124.6	45.5	181	125.7	44.0
平板玻璃综合能耗(kgce/重量箱)	25.7	14.1	82.3	25	14	78.6
纸和纸板综合能耗(tce/t)	1.57	0.70	124.3	1.54	0.70	120
甘蔗制糖综合能耗(tce/t)	6.16	4.50	36.9	6.0	4.5	33.3
棉纱电耗(kWh/t)	2349	2129	10.3	—	—	—
载货汽车油耗(L/100km)	7.55	3.40	122.1	—	—	—

注：国际先进水平是指位居世界先进水平国家的平均值。

（资料来源：提高我国能源效率的战略研究［M］. 北京：中国电力出版社，2001；SETC/UNDP/GEF 课题组，中国终端用能效率项目(PDF-B 工业能源效率)，2002；日本能源经济研究所，日本能源与经济统计手册(2002 年版)；能源效率［J］，能源政策研究，2003(6)。）

二、能源技术效率

能源技术效率也称为能源系统效率，是指使用能源活动中(不包括开采)所取得的有效能源与实际输入的能源量之比，是一项由总体能源结构、产业用能比重、能源利用技术等多种因素形成的综合指标，一般用百分率来表示。能源系统的总效率由能源开采效率、中间环节效率和终端利用效率三部分组成。能源开采效率也称为采收率，即开采出来的能源产量与能源储量的比值；能源中间环节效率包括加工转换效率和贮运效率，加工转换效率即发挥作用的能源产量与加工转换时投入的能源量之比，贮运效率则用能源输送、分配和贮存过程中的损失来衡量；终端利用效率即终端用户得到的有用能与过程开始时输入的能源量之比。目前，国际上用于比较分析的能源效率等于能源中间环节效率与终端利用效率的乘积，这一方法是进行国际能源效率比较可比性较强又相对准确的方法。

1980 年以来，在政府和全社会人民的共同努力下，中国包括能源加工、转换、储运和终端利用各个环节在内的能源效率水平不断提高，从1980年的25.9%提高到2000年的33.4%，提高了7.5个百分点，其中终端能源利用效率的提高最为显著，从1980年的33.4%提高到49.2%，提高了15.8个百分点。

但是，与国外先进国家相比，仍只相当于欧洲国家20世纪70年代初的水平，能源系统总效率还不到发达国家的1/2(见表3-7)。中国与国际发达国家的能效水平存在相当大的差距，其中能源开采效率和工业部门终端利用效率的差距最大，主要原因在于技术和管理落后、能源消费结构以煤炭为主以及节能意识淡薄。

中国能源技术效率分析及世界比较(1980～2000年) 单位：% **表3-7**

项目	中国				ECE地区		
	1980	1989	1997	2000	70年代初	90年代初实际可能	90年代初最大可能
1. 开采效率	—	31.1	33.0	33.5	46	59	71
2. 中间环节效率	74.0	72.4	68.8	67.8	76	67	75
3. 终端利用效率							
农业	27.7	28.0	30.5	32.0	30	33	36
工业	38.7	40.5	46.3	49.6	50	65	65
交通运输	21.2	25.4	28.9	28.1	23	25	30
民用和商业	29.1	42.5	54.8	66.2	45	50～55	60～65
合计	34.4	38.7	45.3	49.2	42	51	55
4. 能源效率(2×3)	25.9	28.0	31.2	33.4	32	34	41
5. 能源系统总效率(1×4)	—	8.7	10.3	11.2	15	20	30

注：(1) 中间环节包括能源加工、转换和贮运；

(2) 工业包括建筑业，民用和商业包括其他部门；

(3) ECE为联合国欧洲经济委员会，ECE地区包括西欧、东欧和前苏联。

(资料来源：王庆一. 中国的能源效率及国际比较(下) [J]. 节能与环保，2003(9)：11～14；国家经济贸易委员会资源节约与综合利用司. 提高我国能源效率的战略研究 [M]. 北京：中国电力出版社，2001。)

第四章　中国节能战略的实施

第一节　节能战略的重要作用

一、有助于缓解能源危机

中国是在人口基数大、人均资源少、科技水平相对落后的基础上实现经济快速发展的，再加上过去计划经济体制的弊端，政府对能源的管理偏重生产开发，忽略有效利用；偏重行政指令，忽略经济激励；偏重制定政策，忽略贯彻落实；偏重政府业绩，忽略环境效益；偏重技术改造，忽略技术创新；中央政府关注程度高，地方政府实施程度低，因此，目前仍是高增长、高消耗、高污染的粗放型和扩张型经济发展之路。这种传统的发展模式，致使短缺的能源和脆弱的生态环境面临着巨大的压力，能源资源匮乏、能源结构不合理、能源效率低下已经成为当前阻碍中国经济发展和人民生活质量提高的桎梏。

实施节能战略，通过减少能源消耗量、提高能源效率和发展可再生能源，不仅有助于从根本上解决中国的能源问题，缩小能源供求差距，优化能源结构；而且有助于高效节能技术和节能产品更加迅速地传播和扩散，最终将促进中国经济由“高消耗、高增长、高污染”粗放型增长方式向“低消耗、高增长、低污染”集约型增长方式的转变。

二、有助于保护生态环境

有研究表明，中国的大气污染中，有85%～90%的SO_2、70%的烟尘、85%的CO_2和60%的氮氧化物来自于煤的燃烧[84]。能源消费产生的排放物造成了严重的环境污染，国内40%左右的地区受到了酸雨的威胁。2001年世界银行发展报告列举的世界污染最严重的20个城市中，中国占了16个，而因大气污染造成的经济损失占到GDP的3%～7%[85]。中国的SO_2排放量已经位居世界首位，2003年全国SO_2排放量为2851.7万t，比上年增长12%；烟尘排放量为1048.7万t，比上年增长3.6%。在339个监测城市中，仅有34.5%的城市空气质量达到国家二级标准，有33.6%的城市空气质量达到国家三级标准，尚有31.9%的城市空气质量未达到国家三级标准。

鉴于气候变暖将给全球生物的生存与发展带来严重影响，当前世界各国都正在采取各种措施致力于温室气体的减排，以缓解全球气候变暖的趋势。国际上先后于1979年和1990年分别召开了第一次和第二次世界气候大会，于1992年6月在联合国环境与发展大会上制定了《联合国气候变化框架公约》，该公约是一个旨在将大气中的温室气体浓度稳定在防止气候系统受到危险的人为干扰水平上、使生态系统能够自然地适应气候变化、确保粮食生产免受威胁并使经济发展能够可持续地进行的具有法律约束力的文件[86]。随后，分别于1995年3—4月在德国柏林、1996年7月在瑞士日内瓦和1997年12月在日本京都召开了《联合国气候变化框架公约》缔约国会议，讨论如何限制和减少CO_2、CH_4和CFC_s等温室气体的排放，并在日本京都通过了《京都议定书》，发达国家就2008—2012年削减6种主要温室气体的具体数字达成了协议。

中国是受气候变暖影响较严重的国家之一，虽然《联合国气候变化框架公约》和《京都议定书》中均未对发展中国家规定温室气体减排义务，但是，中国作为一个CO_2排放大国的形象将随着经济发展和人口增长而越来越突出。自苏联解体后，中国的CO_2排放量仅次于美国排名世界第二位。1995年中国的CO_2排放量为8.45亿t碳，占世界排放总量的14.11%，美国所占比例为23.57%；2000年中国的CO_2排放量为8.81亿t碳，占世界排放总量的13.72%，美国所占比例为24.6%；但从1990年到2000年，中国的CO_2排放量以平均每年2.81%的速率快速增长，大大超过了美国1.68%的年均增长率(见表4-1)。

依照世界发达国家的发展模式，经济和社会发展到高层次，必然要经历以能源为基础的工业化阶段，人均能源消费量也无一例外地将达到较高水

世界主要国家 CO_2 排放量(1990～2000 年)　单位：百万 t 碳　**表 4-1**

国　家	1990	1995	1997	1998	1999	2000
美　国	1338	1411	1502	1521	1542	1580
中　国	668	845	867	845	834	881
俄罗斯	—	443	417	405	418	425
日　本	290	313	320	314	320	328
印　度	165	229	248	248	250	266
德　国	266	239	239	237	227	227
英　国	162	156	152	154	152	157
加拿大	117	125	132	135	135	142
意大利	111	115	115	117	118	120
韩　国	64	99	116	101	110	119
OECD 合计	3072	3201	3359	3368	3395	3470
世界总计	5372	5986	6207	6194	6234	6422

(资料来源：日本能源经济研究所. 日本能源与经济统计手册［M］. 2003。)

平。目前中国尚属于发展中国家，但正在积极地向发达国家经济水平迈进，而随着人民生活水平的提高和城市化步伐的加快，对能源的依赖程度将越来越高，由能源活动导致的环境污染和温室气体排放量也将不可避免地继续增加，中国面临的局部性和全球性环境问题会更加严重。据美国能源部(DOE)和能源情报署(EIA)的报告显示，预计到 2020 年中国的 CO_2 排放量将接近美国，而到 2030 年左右，中国的 CO_2 排放量将超越美国成为世界第一排放大国，人均 CO_2 排放量也将达到或超过全球人均排放水平(见图 4-1)。

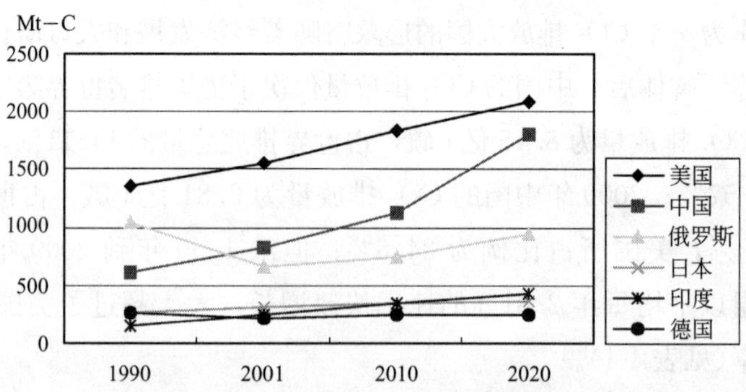

图 4-1　世界主要国家 CO_2 排放量预测

(资料来源：DOE/EIA，International Energy Outlook 2003。)

如今，发达国家已经存在将 CO_2 减排的矛头指向因经济发展而引起温室气体排放量快速增加的发展中国家的趋势，中国必会首当其冲。如果那样，届时中国不仅面临温室气体限排的政治和外交压力，而且能源发展受限也必将严重影响经济和社会的发展。由于能源尤其是化石燃料的燃烧是大气污染和全球气候变暖的罪魁祸首，因此，当前大力实施节能战略，提高能源利用效率和开发利用可再生能源，将大大减少环境污染和温室气体的排放源，有助于使人们赖以生存的生态环境得到更好的改善，同时也会减轻中国未来即将面临的 CO_2 减排压力。

缓解能源危机和保护生态环境，其目的都是为了推动可持续发展目标的实现，而节能战略正是实现可持续发展最经济、最有效的途径。

第二节 DSM——节能战略的指导思想

需求侧管理(DSM，Demand Side Management，也可称为需求方管理)于20世纪70年代由美国环境保护基金在可持续发展理念的基础上提出，它是综合资源规划(IRP，Integrated Resources Planning)的重要组成部分。依据经济学理论，产品市场是由供给侧和需求侧共同组成的。因此，能源产品的生产部门(如发电厂)可称之为能源供给侧，能源产品的消费者或使用者可称之为能源需求侧。综合资源规划是一项综合技术，通过综合考虑供给侧资源、需求侧资源以及所有资源的合理组合，经过筛选、排比、优化，制定最小费用资源计划，选择最佳资源配置方式，并满足用户需求和能源供应安全性、可靠性等要求。它更新了过去单纯注重以增加能源供应量来满足需求增长的传统思维模式，建立了以提高需求侧终端利用效率所节约的资源同样可以作为供给侧替代资源这样一个新概念，使可供利用的资源显著增加，为供需双方提供了更多的择优机会，能够以最低的社会成本和最佳的群体效益达到经济高效配置资源的目的[87]。能源需求侧管理(EDSM)即是针对能源需求侧，采取各种行政和经济激励政策，利用各种有效的节能技术，来改变传统的能源需求方式，在保证能源服务水平的前提下，达到有效降低能源消费量的目的。能源需求侧管理可通过改进消费者的能源使用方法，大幅度地提高能源利用效率，实现能源供需的协同优化，由此获得显著的社会效益、经济效益和生态效益。

在综合资源规划和能源需求侧管理指导下的节能战略，具有以下几个方面的优越性：

(1) 将增加能源供给和减少能源需求同时置于平等地位，从中选择最佳方案，能够在达到预计目标的基础上，实现能源和资源的合理配置及有效利用。

(2) 实施需求侧管理节约能源所需的投资将远远小于扩大能源开发所需的投资，能够带来较大的经济效益。

(3) 给节能用户带来的经济收益能够激励用能者改变粗放型能源消费行为，主动参与到节能活动中，将大大推进节能工作的顺利开展。

(4) 通过减少能源消耗，将进一步降低温室气体的排放，有力遏制环境恶化和全球气候变暖的倾向。

(5) 引领节能高新技术和产品的研制与开发，开拓更强大的节能市场，将推动整个人类社会向优质化、高效率的方向发展。

美国加州大学伯克利分校的 Alan Meier 用一幅坐标图形象地说明了能源需求与能源消耗之间的关系，并给出进行能源需求侧管理的根本原因[88]。

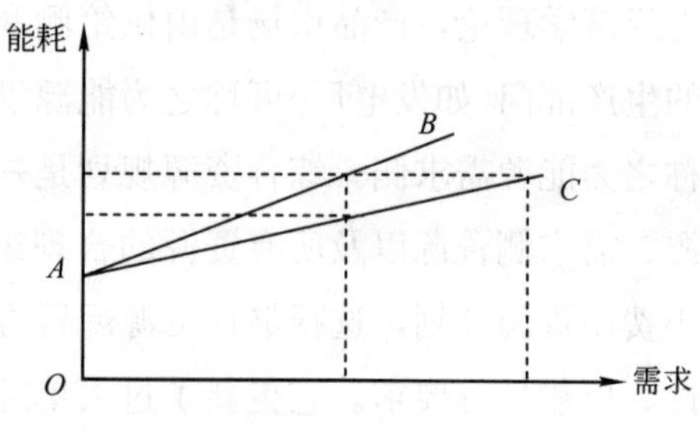

图 4-2　能源需求与能源消耗关系图

如图 4-2 所示，斜线 AB 称为服务曲线，能源需求越大，能源产品提供的服务越多，则能源消耗量越大。斜线 AB 的斜率，为能源利用效率的倒数。图中 OA 表示能源产品的固有能耗，主要由三部分能耗构成：第一，设备的效率浪费，即将大功率的机器用于只需小功率即可完成的工作而浪费的动力，俗称为杀鸡用牛刀；第二，设备的能量散失，即机器设备或管道存在“跑冒滴漏”现象，一些能源由此被浪费；第三，设备待机状态下的能耗，即某些设备(如电脑、电梯等)在非运行状态下仍然消耗的能源。固有能耗是无效的能耗，应尽量减少或消除。Alan Meier 指出，由于能源产品的服务水平与能源消耗量成正比，因此，如果试图保持服务水平不变而降低能耗或保持能耗不变而提高服务水平，惟一的办法就是减少服务曲线的斜率(如斜线 AB 移至 AC)，即提高能源利用效率。

需求侧管理理论可以应用于各种能源和资源的使用，如电力、热力、石油、天然气和自来水等，但是，由于电力是其中盈利空间最大的部门，因此，各个国家或地区均比较注重实施电力需求侧管理，并取得了一系列卓越的成就。美国作为 IRP 和 DSM 的起源地，需求侧管理思想和技术的发展最为成熟，为美国的经济增长做出了巨大贡献，2000 年美国一次能源人均消费量几乎与 1973 年持平，而同期 GDP 增长率达到 74%[89]，能源效率的提高已经成为美国最大的能源资源。1990 年美国用于 DSM 的支出费用为 12 亿美元，结果节约了 15%～20%的新建项目容量，在用电峰值时节电 10%～15%[90]；2000 年，美国投入约 15.6 亿美元实施 DSM 项目，节电 537 亿 kWh，减少高峰负荷 2200 万 kW。于 2004 年 3 月在北京召开的中美 DSM 政策研讨会上，美国加利福尼亚州公用事业委员会的苏珊·肯尼迪介绍了需求侧管理在 2001 年加州能源危机中所发挥的作用[91]：由于 1988 年至 1998 年间加州的高峰电力需求增长了 13%，而同期发电机组容量却下降了 5%；同时，由于天气干旱，加州的水电资源减少了 35%，从太平洋西北公司可输入的水电资源下降了 53%，导致加州 2001 年将面临严重的能源危机。加州能源委员会预测 2001 年夏季的电力高峰负荷将短缺 5000MW；加州独立电力调度中心预计夏季将停电 34 天，经济损失达 160 亿美元；北美电力可靠性委员会预计加州将有超过 700 小时的轮流停电，每次可能影响 200 万人口的生活。但是加州通过采用一系列有效的 DSM 政策和激励措施，充分挖掘了节能潜力，共削减高峰负荷 5570MW，远远超出了预计目标，并且减少了 800 万 t 的 CO_2 排放量。整个加州在过去 20 年间由于采取节能措施，削减了近 10000MW 的能源需求，相当于建 20 个大电厂。

能源需求侧管理目标的实现离不开政府的宏观调控，政府在综合资源规划和能源需求侧管理的制定和实施中发挥着主导作用。只有在政府的有效指导下充分发挥市场调节的基础性作用，才能实现能源产品成本最小化、利益最大化、分配公平化的最终目的。因此，政府需将能源需求侧管理方法和技术纳入法制化轨道，提供相应的体制保障，在节能领域全面推行以激励性为主的能源经济政策，例如通过提供补贴、减免税收、优惠贷款利率等措施鼓励企业生产制造节能产品以及用户购买安装节能设备。

第三节　中国节能工作进展

在20世纪70年代末，中国政府和能源研究人员已经意识到若不提高能源利用效率，未来的能源供应将难以满足经济发展的需要。1980年，国家制定了“开发与节约并重、近期把节约放在优先地位”的能源发展方针，明确指出节能作为一项长远战略任务，并将其纳入到国民经济和社会发展计划中。在这一方针指导下，中国开始有计划地积极推进提高能源效率和节能工作，并采取了一系列措施，包括：调整政府机构和职能、制定节能战略、编制节能规划、建立节能法规体系、运用经济激励手段、实施节能试点示范工程等。

一、调整政府机构和职能

从1980年开始，中国政府在可持续发展理念的指导下，逐步确立了节能战略在可持续发展中的主导性地位，并相应调整了政府机构和职能。

1980年1月，国务院批转国家计委、国家经委以国发［1980］50号文件印发了《关于加强节约能源工作的报告》。根据该报告的要求，中央和地方各级政府开始有步骤地建立和健全全国范围内的能源管理机构，其中国家计委综合局承担能源长远规划和综合平衡职能，国家经委能源局承担组织实施节能措施和能源管理职能，国务院各有关部门建立节能管理职能机构；各省、市、自治区根据具体情况，建立由计委或经委牵头的节能协调领导小组；国有大型企业设立能源工程师和能源管理机构，其他企业也设有专人负责节能管理。

1982年，国家计委成立节约能源计划局，负责研究制定节能规划、计划，安排节能基建和节能科研以及农村能源和新能源；国家经委的能源局仍保留，负责能源生产和节约工作以及节能管理和节能技改。

1988年7月，国务院进行政府机构改革，国家经委并入国家计委，国家经委能源局与国家计委能源计划局合并成立国家计委资源节约与综合利用司，其职责为：负责全国资源节约与综合利用工作，制定方针政策、编制中长期和年度计划，研究推动各部门、各地区的原材料和能源节约、合理使用，并研究制定相应的规定和政策，组织制定农村能源和重要资源的综合开发利用规划，指导节能技术服务中心工作等。

1993 年 10 月，国务院组建国家计划委员会，原计委资源节约与综合利用司撤销，新设交通能源司，其职能为：研究能源工业中的重大战略问题、能源节约与新能源开发问题，提出能源工业中重点行业发展规划、相应的政策措施以及能源工业行业发展中长期规划和年度计划，并负责大中型及以上项目的立项审批等。

1997 年，国务院新组建国家发展计划委员会，原国家计委交通能源司撤销，新设基础产业发展司，负责节能与新能源工作；保留原国家经贸委资源节约与综合利用司，负责资源综合利用、节能、新能源工作，组织协调工业环境保护和环保产业的发展。

2003 年，国务院新组建国家发展和改革委员会，新设能源局，负责提出能源发展战略和重大政策，拟订能源发展规划，提出能源节约和发展新能源的政策措施。原国家经贸委资源节约与综合利用司并入国家发改委，更名为环境和资源综合利用司，负责研究解决经济、社会与环境、资源协调发展的重大问题，提出资源节约和综合利用政策，编制资源节约和综合利用规划，组织协调相关重大示范工程和新产品、新技术、新设备的推广应用。

经过一轮轮的机构改革和职能转换，使得当前的政府机构在设立和定位上都能够与可持续发展和节能目标紧密结合，将有力地保障中国节能战略的有效实施和可持续发展目标的早日实现。

二、制定能源发展战略

1989 年原能源部编制了《我国能源工业（1989—2000 年）发展计划纲要》，提出能源工业的基本方针，即：“继续贯彻开发与节约并重的方针，努力改善能源的生产结构和消费结构。能源开发要以电力为中心，煤炭为基础，积极开发石油、天然气，大力发展水电，稳步发展核电，同时加快农村能源及电气化建设。能源节约要作为我国一项基本国策，大力节电、节油、节煤，推广热电联供，发展余热利用，继续执行以煤代油，提高能源利用效率，减轻环境污染。”由此将节能战略提高到了基本国策的高度。

1992 年联合国环境发展大会以后，中国政府就着手制定可持续发展战略。1994年3月，中国政府公布了《21世纪议程》，将节能作为可持续发展战略的关键环节。

1996年3月，第八届全国人大第四次会议通过的《国民经济和社会发展"九五"计划及2010年远景目标纲要》，提出了经济管理体制从传统计划经济向市场经济转变、经济增长方式从粗放型向集约型转变、实现经济和社会可持续发展的指导方针，以及坚持资源开发与节约并举，把包括能源在内的资源节约放在首要位置的发展战略。

2001年3月，第九届全国人大第四次会议通过的《国民经济和社会发展"十五"计划纲要》，提出了坚持经济和社会协调发展的重要指导方针，以及坚持资源开发与节约并举，把节约放在首位、依法保护和合理使用资源、提高资源利用效率、实现永续利用的发展战略。

2002年11月，中共十六大提出了全面建设小康社会的国家长远发展目标，以及坚持以信息化带动工业化，以工业化促进信息化，走科技含量高、经济效益好、资源消耗低、环境污染少、人力资源优势得到充分发挥的新型工业化道路的发展战略，把可持续发展放在十分突出的地位，坚持保护环境和保护资源的基本国策。

2005年7月，《国务院关于做好建设节约型社会近期重点工作通知》(国发［2005］21号)中明确提出：树立和落实以人为本、全面协调可持续的科学发展观，坚持资源开发与节约并重，把节约放在首位的方针，紧紧围绕实现经济增长方式的根本性转变，以提高资源利用效率为核心，以节能、节水、节材、节地、资源综合利用和发展循环经济为重点，加快结构调整，推进技术进步，加强法制建设，完善政策措施，强化节约意识，尽快建立健全促进节约型社会建设的体制和机制，逐步形成节约型的增长方式和消费模式，以资源的高效和循环利用，促进经济社会可持续发展。并从落实十大重点节能工程、抓好重点耗能行业和企业节能、推进交通运输和农业机械节能、推动新建住宅和公共建筑节能、引导商业和民用节能、开发利用可再生能源、强化电力需求侧管理、加快节能技术服务体系建设等方面强调了节能的重点领域。

同期，《国务院关于加快发展循环经济的若干意见》(国发〔2005〕22号)中提出：实现全面建设小康社会的战略目标，必须大力发展循环经济，按照“减量化、再利用、资源化”原则，采取各种有效措施，以尽可能少的资源消耗和尽可能小的环境代价，取得最大的经济产出和最少的废物排放，实现经济、环境和社会效益相统一，建设资源节约型和环境友好型社会。并将节能降耗作为发展循环经济、实现人与环境共生的工作重点。

三、编制节能规划和计划

从1981年起，中国政府就已经将节能作为一种资源，纳入到国民经济计划中，并于1988年将其扩展为资源节约和综合利用计划，建立了工业产值能耗、主要产品单耗、节能能力等指标，初步形成了节能计划体系。

2000年，国家经贸委组织编制《能源节约与资源综合利用“十五”规划》，其中提出的节能目标为：到2005年，每万元国内生产总值能耗降至2.2t标准煤(1990年不变价)，累计节约和少用能源3.4亿t标准煤，年均节能率为4.5%。节约和替代燃料油1600万t、成品油500万t。主要耗能产品单位综合能耗有较大幅度降低，到2005年，大中型钢铁企业吨钢综合能耗下降到0.8t标准煤以下；火电厂供电煤耗下降到380g标准煤/kWh；10种有色金属吨产品综合能耗下降到4.5t标准煤；大型合成氨综合能耗下降到37吉焦；水泥、玻璃等主要产品平均能耗降低20%；各种车型汽车百公里油耗平均降低10%～15%。到2005年，建筑行业新建采暖居住建筑节能50%；新建公共建筑力争节能50%。

2004年6月，国务院总理温家宝主持召开国务院常务会议，讨论并原则性通过《能源中长期发展规划纲要(2004—2020年)》(草案)，这是在国家能源规划中首次正式提出把节约能源放在首位，将对节能工作的进一步开展产生深远的影响。

2004年11月，国家发展和改革委员会发布《节能中长期专项规划》，从不同方面列明了阶段性的节能目标，分别为：①宏观节能量指标：到2010年每万元GDP(1990年不变价，下同)能耗由2002年的2.68t标准煤下降到2.25t标准煤，2003—2010年年均节能率为2.2%，形成的节能能力为4亿t标准煤。2020年每万元GDP能耗下降到1.54t标准煤，2003—2020年年均节能率为3%，形成的节能能力为14亿t标准煤，相当于同期规划新增能源生产总量12.6亿t标准煤的111%，相当于减少SO_2排放2100万t。②主要产品(工作量)单位能耗指标：2010 年总体达到或接近 20 世纪 90 年代初期国际先进水平，其中大中型企业达到 21 世纪初国际先进水平；2020 年达到或接近国际先进水平(见表 4-2)。③主要耗能设备能效指标：2010 年新增主要耗能设备能源效率达到或接近国际先进水平，部分汽车、电动机、家用电器达到国际领先水平(见表 4-3)。④宏观管理目标：2010 年初步建立与社会主义市场经济体制相适应的比较完善的节能法规标准体系、政策支持体系、监督管理体系、技术服务体系。

主要产品(工作量)单位能耗规划指标(2010 年和 2020 年)　　**表 4-2**

	2000 年	2005 年	2010 年	2020 年
火电供电煤耗(g 标准煤/kWh)	392	377	360	320
吨钢综合能耗(kg 标准煤/t)	906	760	730	700
吨钢可比能耗(kg 标准煤/t)	784	700	685	640
10 种有色金属综合能耗(t 标准煤/t)	4.809	4.665	4.595	4.45
铝综合能耗(t 标准煤/t)	9.923	9.595	9.471	9.22
铜综合能耗(t 标准煤/t)	4.707	4.388	4.256	4
炼油单位能量因数能耗(kg 标准油/t·因数)	14	13	12	10
乙烯综合能耗(kg 标准油/t)	848	700	650	600
大型合成氨综合能耗(kg 标准煤/t)	1372	1210	1140	1000
烧碱综合能耗(kg 标准煤/t)	1553	1503	1400	1300
水泥综合能耗(kg 标准煤/t)	181	159	148	129
平板玻璃综合能耗(kg 标准煤/重量箱)	30	26	24	20
建筑陶瓷综合能耗(kg 标准煤/m^2)	10.04	9.9	9.2	7.2
铁路运输综合能耗(t 标准煤/百万 t 换算公里)	10.41	9.65	9.4	9

(资料来源：国家发展和改革委员会，节能中长期专项规划，2004。)

主要耗能设备能效规划指标(2010 年)　　**表 4-3**

	2000 年	2010 年
燃煤工业锅炉(运行)(%)	65	70～80
中小电动机(设计)(%)	87	90～92
风机(设计)(%)	75	80～85
泵(设计)(%)	75～80	83～87
气体压缩机(设计)(%)	75	80～84

续表

	2000年	2010年
汽车(乘用车)平均油耗(l/百公里)	9.5	8.2～6.7
房间空调器(能效比)	2.4	3.2～4
电冰箱(能效指数)(%)	80	62～50
家用燃气灶(热效率)(%)	55	60～65
家用燃气热水器(热效率)(%)	80	90～95

(资料来源：国家发展和改革委员会，节能中长期专项规划，2004。)

四、建立节能政策法规体系

截至2005年底，国家已经先后颁布了120多项节能法规和条例、50多项节能设计规范和近170项与节能有关的国家标准。

1986年1月，国务院批准颁布《节约能源管理暂行条例》，对建立节能管理体系、开展节能管理基础工作、加强工业和城乡生活用能管理、推进节能技术进步、提供节能奖励和组织宣传教育等做出了相关规定。同年，国家经委、财政部、机械工业部、中国工商银行颁发了《鼓励推广节能机电产品和行业生产淘汰落后产品的暂行规定》以及国家经委、计委下发了《关于进一步加强石油消费管理和节约使用的通知》。截至1998年底，已先后公布了18批1068项节能机电产品和17批610项淘汰机电产品，有力地促进了节能工作的开展。1987年，国务院批转《关于进一步加强节约用电的若干规定》，对强化用电定额管理、调节负荷节能和推广节电新技术做出了规定。

1996年，国家计委和科委公布了《中国节能技术政策大纲》，对各行业的节能技术政策做出了原则性的规定，成为国家有关部门和各省市制订节能战略实施细则和配套政策的依据。

1997年，由国家计委、国家经贸委和建设部联合颁布《关于固定资产投资工程项目可行性研究报告"节能篇(章)"编制及评估的规定》，要求重大工程项目的可行性研究报告中必须有能源效率分析的章节，并由专业机构进行审查。

1997年11月，第八届全国人大常委会第二十八次会议通过了《中华人民共和国节约能源法》，于1998年1月1日正式实施。《节约能源法》对节能管理、合理使用能源和鼓励节能技术进步等做了比较全面的规定，这标志着节能工作正式步入法制化轨道。除该法外，中国政府还颁布了与节能有关的国家法律，包括《煤炭法》、《电力法》、《矿产资源法》、《公路法》、《森林法》、《水法》、《水土保持法》、《土地管理法》、《大气污染防治法》、《清洁生产促进法》和《可再生能源法》等。

2001 年 1 月，国家经贸委颁布并实施《能源节约与资源综合利用“十五”规划》，为推动全社会开展节能降耗和资源综合利用，促进可持续发展指明了发展方向。

五、运用多种经济激励手段

(一) 财政补贴

最初国家对农村省柴灶、沼气推广、城市民用型煤加工和压缩烧油项目等提供财政补贴，目前大城市民用型煤普及率已达 80%左右，多数城市已经取消该补贴，而将补贴转向实施绿色照明工程、风力发电工程、节约用电工程和新能源开发利用工程等。

(二) 税收减免

从 1991 年起，国家对热电联产、节能住宅等项目的固定资产投资方向调节税实行零税率。1995 年，财政部公布实施《关于调整节能改造风机、水泵折旧年限的通知》，规定企业进行节能改造的风机、水泵折旧年限从原来的 10 年调整为 3～5 年，鼓励企业进行节能改造。同年，财政部、国家税务总局联合发布《关于对部分资源综合利用产品免征增值税的通知》。1997 年由国务院发布《关于调整进口设备税收政策的通知》，规定从 1998 年 1 月 1 日起，国家鼓励和支持发展的外商和国内投资的节约能源和原材料、资源综合利用、防治环境污染等项目的进口设备，免征进口环节增值税。对于资源综合利用项目，利用本企业资源的，免征所得税 5 年。2001 年 12 月 1 日，财政部和国家税务总局印发了《关于部分资源综合利用及其他产品增值税政策问题的通知》，规定对部分资源综合利用产品实行增值税即征即退的政策；以及对利用煤矸石、煤泥、油母页岩和风力生产的电力和部分新型墙体材料产品实行增值税减半征收的政策。2004 年 2 月 4 日，财政部和国家税务总局又下发了《关于部分资源综合利用产品增值税政策的补充通知》，明确了对石煤发电、燃煤电厂烟气脱硫副产品、西部地区新型墙体材料产品实行增值税减免政策，并对享受增值税减免政策的煤矸石、煤泥、油母页岩以及城市垃圾发电的量化指标提出了更明确的规定。

(三) 贷款优惠

1981 年，国家计委分别发布了《关于使用中国人民建设银行节能贷款有关事项的通知》和《关于使用中国人民银行节能中短期专项贷款有关事项的通知》，规定对节能项目实施优惠贷款利率。1991—1993 年，国家开发银行采取对节能基建项目实行差别利率的措施，节能项目的贷款平均利率比商业贷款利率低 30%。此外，还规定了节能技改示范项目贷款贴息 50%及节能贷款可在缴纳所得税前偿还等优惠政策。1994 年进行财税体制改革，取消了贷款差别利率。1998 年中国人民银行发布《关于落实国务院确定的专项贷款有关问题的通知》(银发［1998］115 号)，其中规定国家节能专项贷款由节能主管部门向商业银行推荐项目，银行统筹安排专项资金，经项目评估后实施。

(四) 奖金鼓励

1986 年，财政部等发布《国营工业、交通企业原材料、燃料节约奖试行办法》，规定对节约电力、煤炭、石油、天然气等能源的企业颁发节能奖，其中煤炭和电力的节能奖金为节能价值的 8%～15%，油品和燃气的节能奖金为节能价值的 3%～8%，节能奖金计入成本，免征奖金税。该方法对促进企业节能降耗发挥了重要的激励作用。1992 起实行综合奖，取消了节能专项奖，但目前仍有一些企业继续实行节能奖。

六、实施节能试点示范工程

从 20 世纪 80 年代起，国家节能管理部门在全国范围内陆续组织实施了水泥行业技术改造工程、风机和水泵节能改造工程、中国绿色照明工程、发展风电的“乘风计划”、秸秆综合利用示范工程、电力需求侧管理和综合规划试点工程、森林能源工程、清洁生产试点计划、清洁汽车行动、清洁能源行动、建筑节能试点示范工程、大企业节电节能示范工程、世界银行和全球环境基金与中国政府合作的中国节能促进项目以及中国可再生能源商业化项目等多项重大节能试点示范工程，促进了节能技术改造、节能材料和节能产品的研制与开发，有力地推动了污染的防治和生态环境的改善。

（一）中国节能促进项目

该项目于 1998 年年底正式实施，其目标是利用世界银行、全球环境基金的资金支持，在中国引进、示范和推广“合同能源管理”这一在国际上有成熟应用经验的新型节能机制，以期达到克服节能投资障碍、推进节能项目实施、提高能源效率、减少 CO_2 及其他污染物排放、促进节能产业发展等目标。

项目分两期实施，一期的主要内容是“节能服务公司示范”，即支持在山东、辽宁、北京成立的 3 个示范性节能服务公司(EMC)，通过它们以节能项目示范的形式，在中国展示合同能源管理机制的应用。3 个示范性节能服务公司自成立以来，按合同能源管理机制成功开展了节能项目的具体运作，截至 2003 年 9 月，共投资近 6 亿元，每年可形成 73.13 万 t 标准煤的节能能力和 47.74 万 t 碳的 CO_2 减排能力；已累计节能 156 万 t 标准煤，减排 104 万 t 碳的 CO_2；按合同分享节能收益 8.2 亿元。

项目二期于 2003 年 6 月启动实施，其目标是在全国推广合同能源管理机制，支持建立更多的、多种类型的节能服务公司，以进一步推进节能产业化发展。

（二）中国绿色照明工程促进项目

该项目于 2001 年 9 月正式实施，其宗旨是利用全球环境基金的赠款支持，推动节约能源、保护环境和提高照明质量，以适应和服务于我国社会进步和现代化进程。项目的主要目标包括：消除高效照明产品推广的主要市场障碍、提高公众节能环保意识、推进照明节电、减少温室气体排放、提高高效照明产品生产能力、促进绿色照明事业在我国的可持续发展等。

项目的主要内容包括：制定标准，包括紧凑型荧光灯在内的几种主要照明电器产品的能效标准，以及建筑照明设计能效标准；加强宣传，提高公众对优质高效照明产品的认识和节能环保意识；试点示范，包括高效照明产品大宗采购、DSM 照明节电试点；跟踪评价，实行项目动态跟踪检查，及时总结经验，推动项目实施。

2003 年，中国已经形成比较完善的照明工业体系，产品产量保持稳定增长态势。紧凑型荧光灯国内销售量由 2001 年的 2.13 亿支增加到 2003 年的

3.56 亿支；T8 直管荧光灯国内销售量由 2001 年的 1.41 亿支增加到 2003 年的 2.86 亿支。2003 年，家庭用户高效照明产品使用普及率为 72.8%，工矿企业高效照明产品使用普及率为 73.7%。经专家测算，2001—2003 年，中国绿色照明工程促进项目已经取得 120 亿 kWh 的节电成效。

(三) 中国高效工业锅炉项目

该项目于 1997 年 1 月正式实施，其目标是利用世界银行、全球环境基金的资金支持，帮助国内工业锅炉制造厂引进国外先进技术，指生产高效清洁的工业锅炉产品，达到减少 CO_2、SO_2 和粉尘排放的目的。项目分两阶段实施，第一阶段：引进国外先进技术、生产样机(示范机组)，并检验评估；第二阶段：购买生产设备，扩大生产能力，进行批量生产。共包括 9 个锅炉子项和 9 个技术援助项目。据不完全统计，截止到 2003 年底，9 种高效锅炉已实现销售 354 台，锅炉产量达到 10980 蒸吨。这些锅炉的热效率比同类型老式锅炉提高 10 个百分点，按全年平均运行 1500 小时计算，每年将节煤 31 万 t，减排 CO_2 62 万 t。

在相关节能法规和政策的指引下，中国节能战略的实施，积累了丰富的经验和取得了卓越的成就：建立了节能信息传播中心、节能产品认证中心等完善的节能管理和服务体系；调整了能源和经济产业结构；制定了节能技术政策，使能耗定额、标准、计量等科学管理手段得到不断改进；加大了节能改造的投资力度，获得了可观的节能效益(见图 4-3)。

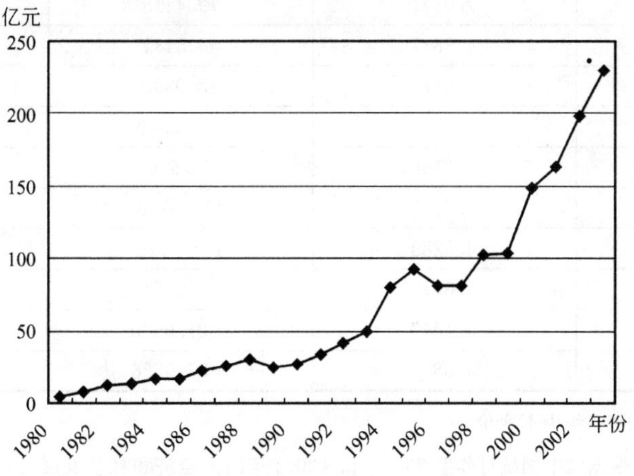

图 4-3 更新改造投资中的节能投资(1980～2002 年)

以1980年为不变价计算，从1981—2003年，中国国内生产总值年均增长率为9.7%，能源消费量年均增长率为4.44%，能源消费增长速度低于经济增长速度。22年间全国累计节约能源1171.38亿t标准煤，其中"六五"期间节能184.53亿t标准煤，"七五"期间节能113.91亿t标准煤，"八五"期间节能336.88亿t标准煤，"九五"期间节能563.58亿t标准煤，但2001—2003年期间节能进度有所减缓，节能效果明显不佳(见表4-4)。

中国的节能量和节能率(1981～2003年) **表4-4**

年　份	单位GDP能耗 (tce/万元)	节能量 (Mtce)	节能率 (%)
1981	12.5010	39.9763	6.30
1982	11.9733	27.3559	4.22
1983	11.4882	27.8862	4.05
1984	10.7091	51.5833	6.78
1985	10.2069	37.7319	4.69
1986	9.8853	26.2963	3.15
1987	9.4937	35.7350	3.96
1988	9.1592	33.9635	3.52
1989	9.1740	−1.5576	−0.16
1990	8.9965	19.4686	1.93
1991	8.6631	39.9493	3.71
1992	7.9769	93.9094	7.92
1993	7.4681	79.0283	6.38
1994	7.0141	79.4418	6.08
1995	6.7837	44.5481	3.28
1996	6.5570	48.0399	3.34
1997	5.9746	134.3340	8.88
1998	5.3168	163.5747	11.01
1999	4.8837	115.3738	8.14
2000	4.5283	102.2619	7.28
2001	4.3617	51.5351	3.68
2002	4.4247	−21.0990	−1.44
2003	4.5830	−57.9528	−3.58

注：GDP以1980年为不变价。

(资料来源：根据《中国统计年鉴2003》和《2003年国民经济和社会发展统计公报》中的国内生产总值、国内生产总值指数和能源消费量等数据计算得出。)

第四节 节能效益评价指标体系

一、社会效益评价指标

提高能源效率、开发利用新能源，能够为人们营造一个美好健康的生存环境，给人们提供物质和精神方面的享受，提高居民生活水平，促进整个社会的进步和发展。实施节能战略、推广节能项目可能带来的社会效益主要表现在以下两方面：

首先，改善生活质量。社会发展进程表明，只要有新事物出现，人类的文化思维和生活方式就会发生重大变化。第一，节能战略的实施把节能和可持续发展的概念深入贯彻到人们的思想意识中，将转变人们传统的思维方式，促使每个人都以可持续发展的理念从事各种日常活动；第二，在提高能源利用效率、节约利用不可再生能源以及充分利用一切可再生能源的过程中，必然导致节能、环保型新材料和新设备的研究开发，例如太阳能、风能、地热能、氢能等无污染型新能源和新型节能材料的推广应用，将改变传统的生产和生活方式，提高生产的效率以及生活的便利；第三，在思维方式和物质生活方式改变的基础上，人们会对学习、娱乐等精神生活提出更高的要求，在生活品位、文化水平和思想素质等方面均将有所提升，最终将促使人类的生活质量得到较大改善。

其次，推动社会进步。当前整个社会的发展，主要受到能源短缺、资源紧张和环境污染的严重制约。节能战略的有效实施，能够确保能源、资源的有效利用和环境质量的改善，可为人类提供安静、美好、健康的活动空间，使人们保持平和的心理状态及饱满的工作热情。这既有助于维护稳定的社会秩序，保障社会安定团结，又有助于提高生产效率，增加社会总产出，推动社会持续稳定地向前发展。

节能战略的社会效益评价指标包括：

(一) 生活质量指标

1. 人均能源消费量

即一定时期内(通常为一年)平均每人实际消费的能源数量，可进一步按煤炭、煤油、液化石油气、天然气、煤气、电力和可再生能源等进行细分。计算公式为：

$$人均能源消费量=\frac{能源消费量}{总人口数}$$

2. 能源费用占消费支出比例

即一定时期内平均每人(每户)用于消费商品能源的支出占生活消费支出的比例。

3. 节能支出占总支出比例

即一定时期内平均每人(每户)用于购买节能产品和接受节能服务的支出占总支出的比例。

4. 节能电器拥有率

即截止到某一时点(通常为年底)居民所拥有的家用电器中通过国家节能认证的节能电器所占比率。计算公式为：

$$节能电器拥有率=\frac{全国(某地区)居民所拥有的节能电器}{全国(该地区)居民拥有的全部家用电器}$$

5. 节能住宅建造率

即一定时期内全国或某区域内建造的达到国家节能标准的住宅占该时期内建造的所有住宅的比率。计算公式为：

$$节能住宅建造率=\frac{全国(某地区)建造的节能住宅}{全国(该地区)建造的全部住宅}$$

6. 人均节能住宅面积

即截止到某一时点平均每人拥有的达到国家节能标准的节能住宅面积。计算公式为：

$$人均节能住宅面积=\frac{全国所有节能住宅面积}{总人口数}$$

(二) 社会发展指标

1. 节能知识普及率

即截止到某一时点调查到的了解及掌握节能知识的人数占抽样调查总数的比例。

2. 节能技术或节能产品推广率

即一定时期内新研制开发的节能技术或节能产品得到推广应用的比例。

3. 可再生能源利用率

即一定时期内能源消费总量中太阳能、风能、地热能等可再生能源利用的比例。

二、经济效益评价指标

实施节能战略，可提高能源经济效率和能源技术效率、优化能源消费结构，增强产品和生产设备中的科技含量，进一步扩大社会再生产能力，同时可减少能源的负外部性成本，将给国家、企业和消费者带来巨大的经济效益。

首先，对国家或政府而言，在一系列节能政策的引导下，国家财政支出中对于节能投资力度大大加强，将促进节能环保型新技术和新材料的研究开发，由此带动一大批与节能产品和节能技术相关的关联产业进步和发展，进而拉动整个国民经济，特别是绿色 GDP 的增长。

其次，对节能产品的供应者(生产者)而言，由于在节能产品制造中应用了大量新型节能技术和节能材料，与普通产品相比，节能产品具备特殊性能，享有较高的产品附加值，能够增强产品的市场竞争力，提高市场占有率，从而为企业获得不断增长的净利润。

再次，对节能产品的需求者(消费者)而言，虽然节能产品的购买成本略高于普通产品，但是由于单位产品能耗降低、能源效率提高，将在未来的使用过程中为使用者节省一大笔能源费用。节能产品的全寿命周期成本远远低于普通产品，消费者费用支出的减少，也就相当于经济效益的增加。

节能战略的经济效益评价指标包括：

(一) 国家经济效益指标

1. 单位能耗产生的 GDP

即一定时期内平均每一单位能源消耗所产生的国内生产总值。对不同时期的指标值进行比较，可以反映能源效率变化对国民经济的影响。计算公式为：

$$\text{单位能耗产生的 GDP}=\frac{\text{国内生产总值}}{\text{能源消费量}}$$

2. 成本效益比

即在节能项目中，因国家投入财政资金而获得的节能收益与所花费的财政成本之间的比例。该指标从国家和政府的角度考察节能的效益和费用，反映节能项目对国家财政收支的影响，可作为国家是否投资的判断依据。计算公式为：

$$B/C = \frac{\sum_{t=0}^{n} B_t (1+i)^{-t}}{\sum_{t=0}^{n} C_t (1+i)^{-t}}$$

式中　B/C——项目的成本效益比；

B_t——第 t 年国家或政府从节能项目获取的总收益；

C_t——第 t 年国家或政府为节能项目支出的总成本；

i——基准收益率或设定的折现率；

t——年份；

n——计算期。

判断准则为：B/C 大于或等于 1，项目可以接受；B/C 小于 1，项目应予以拒绝。

3. 经济内部收益率

即节能项目在计算期内各年经济效益流量的净现值累计等于零时的折现率。它是反映项目投资效率的指标，可从国民经济利益的角度来评价项目是否具有可行性。计算公式为：

$$\sum_{t=0}^{n} (CI_g - CO_g)_t (1 + EIRR)^{-t} = 0$$

式中　$EIRR$——节能项目的经济内部收益率；

CI_g——国家或政府从节能项目获取的现金流入量；

CO_g——国家或政府为节能项目支付的现金流出量；

t——年份；

n——计算期。

当 $EIRR$ 等于或大于社会折现率时，表明该节能项目对国家经济效益的净贡献达到或超过了预定的水平，项目的实施将增加国家的经济效益。

(二) 生产者经济效益指标

1. 静态投资回收期

即在不考虑时间价值情况下，以项目净收益抵偿全部投资所需的时间。它是考察节能项目在财务上投资回收能力的重要静态指标。计算公式为：

$$\sum_{t=0}^{P_t}(CI-CO)_{\mathrm{t}}=0$$

式中 P_t——静态投资回收期；

CI——节能项目的现金流入量；

CO——节能项目的现金流出量；

t——年份。

$$静态投资回收期(P_{\mathrm{t}})=累计净现金流量开始出现正值的年份数-1+\frac{上年累计净现金流量的绝对值}{当年净现金流量}$$

2. 动态投资回收期

即在考虑时间价值的情况下，以项目净收益抵偿全部投资所需的时间。它与静态投资回收期相对而言，是考察节能项目在财务上投资回收能力的重要动态指标。计算公式为：

$$\sum_{t=0}^{P'_t}(CI-CO)_{\mathrm{t}}(1+i)^{-\mathrm{t}}=0$$

式中 P'_t——动态投资回收期；

CI——节能项目的现金流入量；

CO——节能项目的现金流出量；

t——年份；

i——基准收益率或设定的折现率。

$$动态投资回收期(P'_{\mathrm{t}})=累计净现金流量现值开始现出正值的年份数-1+\frac{上年累计净现金流量现值的绝对值}{当年净现金流量现值}$$

3. 净现值

即按照设定的折现率，计算节能项目各期净现金流量的现值之和。它是考察项目盈利能力的动态指标，也可作为生产者或投资者进行决策的判断依据。计算公式为：

$$NPV=\sum_{t=0}^{n}(CI-CO)_{t}(1+i)^{-t}$$

式中　NPV——项目的净现值；

CI——节能项目的现金流入量；

CO——节能项目的现金流出量；

t——年份；

n——计算期；

i——基准收益率或设定的折现率。

判断准则：NPV大于或等于零时，项目可以接受；NPV小于零时，项目应予以拒绝。

4. 内部收益率

即项目在整个计算期内各年净现金流量现值累计等于零时的折现率。它是考察项目盈利能力的主要动态指标，通常当其高于行业基准收益率或设定的折现率时，认为该项目是可行的。计算公式为：

$$\sum_{t=0}^{n}(CI-CO)_{t}(1+IRR)^{-t}=0$$

式中　IRR——节能项目的内部收益率；

CI——节能项目的现金流入量；

CO——节能项目的现金流出量；

t——年份；

n——计算期。

5. 投资利润率

即项目达到设计产出能力后一个正常年份的年利润总额与项目总投资的比率。它是项目单位投资盈利能力的静态指标，计算公式为：

$$投资利润率=\frac{年利润总额或平均利润总额}{项目总投资}\times100\%$$

(三) 消费者经济效益指标

1. 静态投资回收期

即在不考虑时间价值情况下，消费者购买节能产品的费用支出全部回收所需的时间。计算公式为：

$$\sum_{i=0}^{P_{ct}}(CI_c - CO_c)_t = 0$$

式中 P_{ct}——增量成本静态回收期；

CI_c——消费者从节能产品获取的增量收益；

CO_c——消费者为节能产品支付的增量成本；

t——年份。

2. 动态投资回收期

即在考虑时间价值情况下，消费者购买节能产品的费用支出全部回收所需的时间。计算公式为：

$$\sum_{t=0}^{P'_{ct}}(CI_c - CO_c)_t(1+i)^{-t} = 0$$

式中 P'_{ct}——增量成本动态回收期；

CI_c——消费者从节能产品获取的增量收益；

CO_c——消费者为节能产品支付的增量成本；

t——年份；

i——基准收益率或设定的折现率。

3. 成本效益比

即消费者购买节能产品可节省的能源费用（相当于增加的收益）与购买成本之间的比例。计算公式为：

$$B_c/C_c = \frac{\sum_{i=0}^{n} B_{ct}(1+i)^{-t}}{\sum_{t=0}^{n} C_{ct}(1+i)^{-t}}$$

式中 B_c/C_c——节能产品的增量成本效益比；

B_{ct}——第 t 年消费者从节能产品获取的增量收益；

C_{ct}——第 t 年消费者为节能产品支付的增量成本；

t——年份；

i——基准收益率或设定的折现率；

n——计算期。

4. 人均能源费用

即一定时期内平均每人消费商品能源所支付的费用。计算公式为：

$$人均能源费用=\frac{消耗商品能源支付的总费用}{总人口数}$$

因不同地区能源取费标准不同，所以应按不同地区分别进行计算。

5. 人均能源费用降低率

即报告期平均每人消费商品能源所支付的费用与基期相比的减少率。计算公式为：

$$人均能源费用降低率=\frac{基期人均能源费用-报告期人均能源费用}{基期人均能源费用}$$

三、生态效益评价指标

实施节能战略，主要是以生态理念为指导，在更高层次上实现能源、经济与环境的和谐共生、协调发展。因而，在当前全球环境污染和生态破坏严重的状况下，节约利用能源、提高能源效率和开发利用可再生能源，具有较强的生态效益，主要表现为：一方面，能够促进能源优化，降低不可再生能源快速耗竭的速度，为当代及后代子孙保留充足的能源；另一方面，能够减少或根除环境污染源，促进自然环境的改善，保持良性循环的生态系统，为当代及后代子孙提供健康的、适宜的生存环境，将更有利于人类社会的进步和发展。

节能战略的生态效益评价指标包括：

(一) 能源节约指标

1. 节能量

即因采取节能措施，报告期比基期减少的能源消耗量。计算公式为：

节能量=(基期单位产值能耗－报告期单位产值能耗)×报告期的产值

2. 节能率

即报告期与基期相比，能源消耗量下降的速度。计算公式为：

$$节能率=\frac{基期单位产值能耗-报告期单位产值能耗}{基期单位产值能耗}$$

(二) 环境改善指标

1. CO_2 减排量

即由于采用节能措施，导致能源消耗量下降所引起的 CO_2 排放量减少。计算公式为：

$$CO_2\text{减排量}=\text{节能量}\times\text{单位标准综合能耗的}CO_2\text{排放系数}$$

2. SO_2 减排量

即由于采用节能措施，导致能源消耗量下降所引起的 SO_2 排放量减少。计算公式为：

$$SO_2\text{减排量}=\text{节能量}\times\text{单位标准综合能耗的}SO_2\text{排放系数}$$

3. 烟尘减排量

即由于采用节能措施，导致能源消耗量下降所引起的烟尘排放量减少。计算公式为：

$$\text{烟尘减排量}=\text{节能量}\times\text{单位标准综合能耗的烟尘排放系数}$$

4. 单位产值 CO_2 减排量

即平均每单位国内生产总值 CO_2 的减排量，该指标用来反映采取节能措施后，促进经济增长的社会生产过程对环境质量的影响。计算公式为：

$$\text{单位产值}CO_2\text{减排量}=\frac{CO_2\text{减排量}}{\text{国内生产总值(各行业总产值)}}$$

5. 单位产值 SO_2 减排量

即平均每单位国内生产总值 SO_2 的减排量，该指标用来反映采取节能措施后，促进经济增长的社会生产过程对环境质量的影响。计算公式为：

$$\text{单位产值}SO_2\text{减排量}=\frac{SO_2\text{减排量}}{\text{国内生产总值(各行业总产值)}}$$

6. 单位产值烟尘减排量

即平均每单位国内生产总值烟尘的减排量，该指标用来反映采取节能措施后，促进经济增长的社会生产过程对环境质量的影响。计算公式为：

$$\text{单位产值烟尘减排量}=\frac{\text{烟尘减排量}}{\text{国内生产总值(各行业总产值)}}$$

节能战略的社会、经济、生态效益的评价指标体系汇总可见图 4-4。

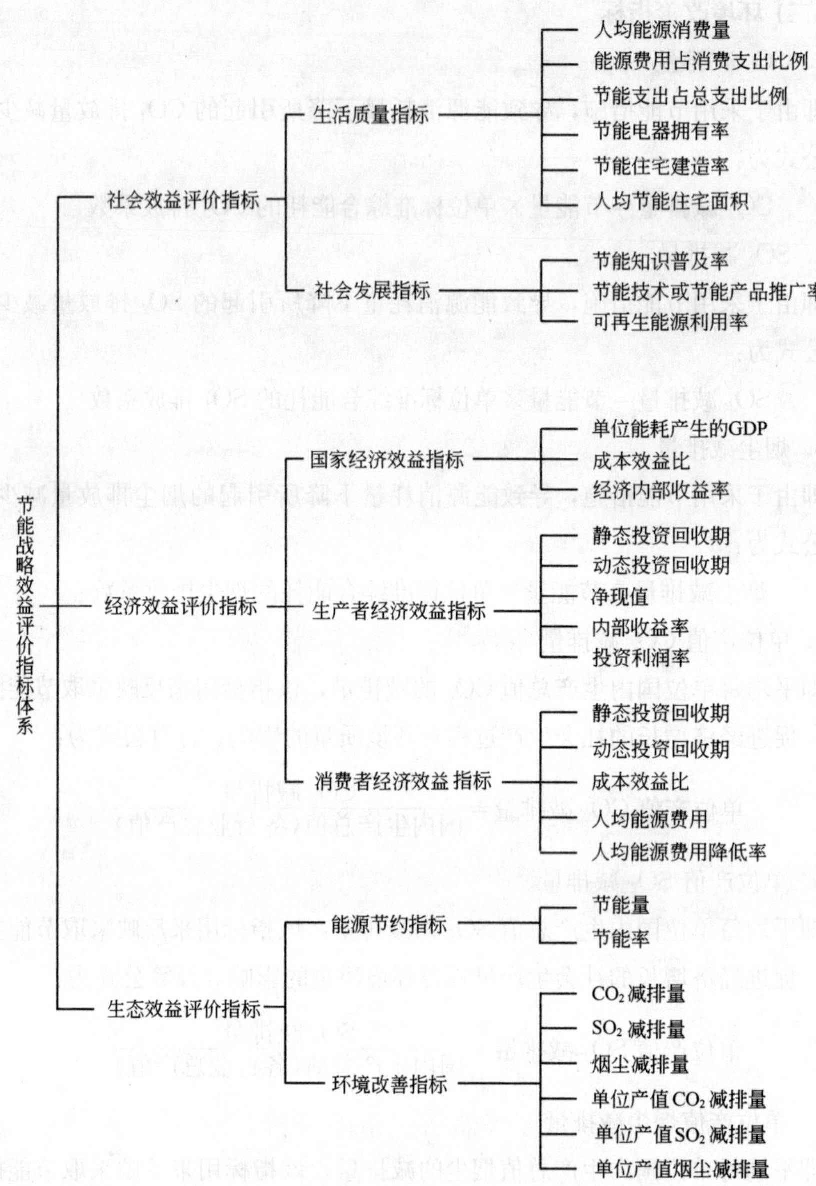

图 4-4　节能战略效益评价指标体系

第五章 中国建筑节能发展历程

第一节 建筑产品全寿命周期内能耗和污染分析

建筑产品是人类一切活动的物质载体，它可以保护人类免遭风雨和冰冻的侵害，同时也能够满足人类工作、学习、休息、交际和娱乐等多方面的需要。建筑产品的设计、建设和使用过程涉及众多行业，建筑业的发展将带动相关行业共同向前发展，因此，建筑产品在国民经济发展中占据重要地位。但是，在给人类带来各种享受的同时，建筑产品的潜在危害也越来越显露出来，建筑活动作为人类改造自然的基本行为，制造出的建筑产品既是资源和能源的主要消耗者，又是环境污染的主要排放者。具体表现为：第一，建筑产品的生产和使用需耗费大量资源。建筑产品体积庞大且无法移动，从投产施工到拆除报废，一直都占据大面积的土地资源。在其开发建设阶段将直接或间接地用到砂石、木材、水泥、玻璃、钢铁、清洁水等各类资源。据美国环保机构预测，建筑业将消耗全球大约 1/6 的净水、25%的木材以及 40%的粗石、碎石和沙等材料。第二，建筑产品能耗总量较高。由于建筑产品施工工艺复杂、使用寿命较长，为保持正常的生产和运行，需消耗大量的电力、煤炭、石油、天然气等能源。包括建材生产能耗、建材运输能耗、建筑施工能耗和建筑使用能耗等在内的建筑总能耗，在社会商品总能耗中的比重较高，已成为世界各国普遍关注的问题。第三，建筑产品加剧了对环境的污染和人体健康的损害。开发建设和报废拆除阶段，会对周围环境产生粉尘、噪声、污水、固体废弃物等方面的污染；而运行使用和维护保养阶段，化石燃料(煤炭、石油、天然气)的燃烧和空调、冰箱、灭火器等日用设施的使用会向室外排放出 CO_2、CH_4、氮氧化合物和氟氯烃等气体，加剧全球气候变暖和臭氧层稀薄。联合国气候变化政府间小组委员会(IPCC，Intergovernmental Panel on Climate Change)的研究报告表明，全球约有30%的CO_2是从建筑物中排放出来的，其中19%来自民用建筑，11%来自公共建筑[92]。对部分OECD国家的调查显示，从1973—1990年，OECD国家建筑物中CO_2的排放量以平均每年0.4%的速度增长，而民用建筑中采暖能耗仍是CO_2排放的主要来源(见表5-1)。

OECD国家建筑物中CO_2排放量(1973年和1990年)　　**表5-1**

	1973					1990					年均增长(%)
	美国	欧洲四国①	日本	北欧四国②	合计	美国	欧洲四国	日本	北欧四国	合计	
民用建筑(Mt C)											
采暖	138	102	6	12	258	123	85	13	7	228	−0.7
热水	40	26	6	3	75	40	24	11	2	77	0.2
烹调	14	10	3	0	27	15	7	4	0	26	−0.2
照明	18	5	2	0	25	19	7	3	0	29	0.9
家用电器	68	13	10	1	92	92	18	17	1	128	2.0
小计	278	156	27	16	477	289	141	47	11	488	0.1
商业建筑(Mt C)											
小计	171	74	26	8	279	213	59	38	6	316	0.7
总计	449	230	53	24	756	502	200	85	17	804	0.4

注：① 欧洲四国包括德国、法国、英国和意大利。

② 北欧四国包括丹麦、瑞典、挪威和芬兰。

(资料来源：Schipper L., Haas R. and Scheinbaum C. Recent Trends in Residential Energy Use in OECD Countries and Their Impact on Carbon Dioxide Emissions: A Comparative analysis of the Period 1973—1992 [J]. *The Journal of Mitigation and Adaptation Strategies for Global Change*, 1996 (2): 167~196.)

从全寿命周期角度来看，建筑产品的全寿命周期涵盖原材料开采、建材加工、构配件制造、规划设计、建筑施工、运行使用、维护保养、拆除报废和回收利用的整个过程。在建筑产品的全寿命周期内，始终伴随着大量的能源消耗和环境污染(见图5-1)。当前，以“可持续发展”为主题的保护生态环境、合理利用资源和能源等一系列活动已在全球范围内展开。由于建筑产品具备促进人类发展和影响生态环境的正负双重身份，因此，建筑节能工作既是社会经济发展的需要，又是改善人类生存环境的需要；既是推动建筑业

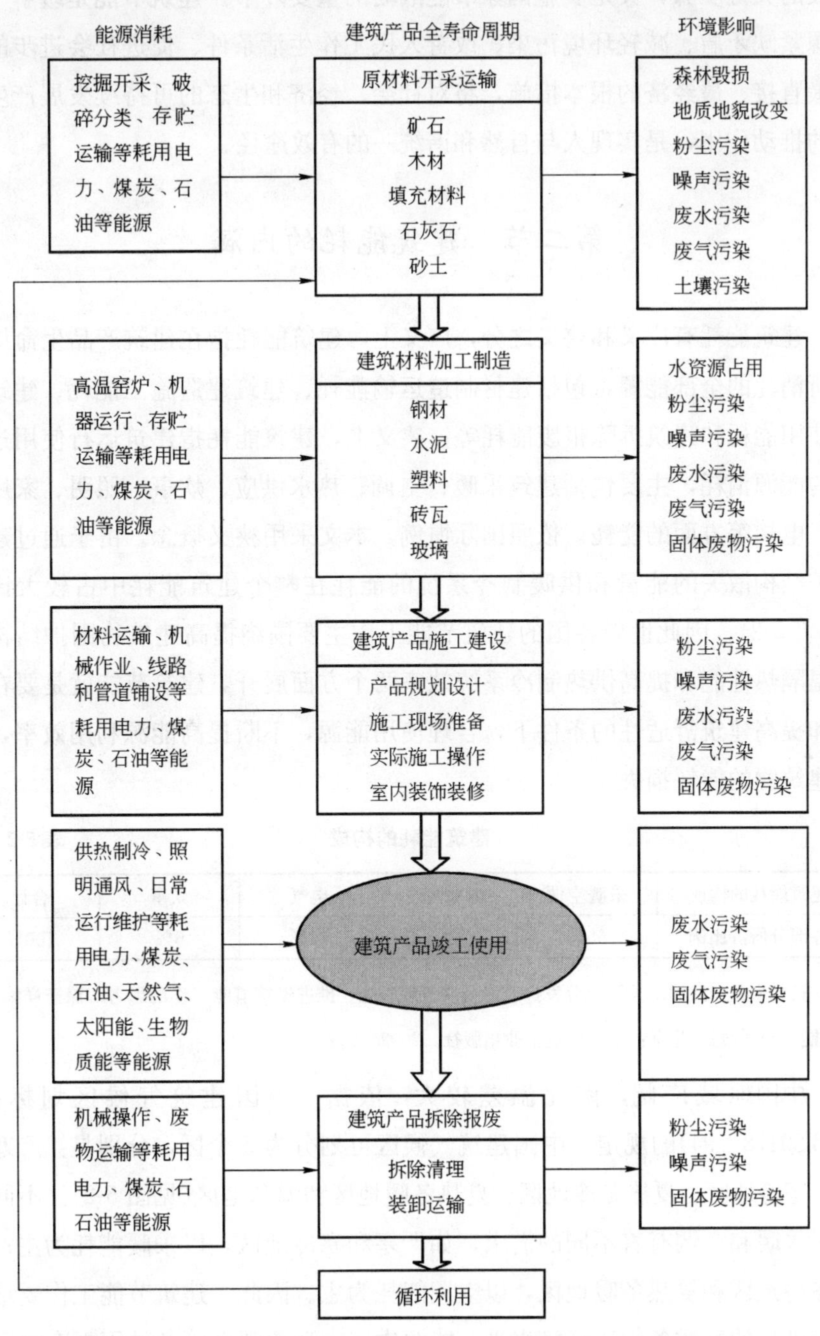

图 5-1 建筑产品全寿命周期能源消耗和环境影响分析

发展的关键步骤，又是实施国家节能战略的重要环节。建筑节能是缓解中国能源紧缺矛盾、减轻环境污染、改善人民工作生活条件、促进社会进步的一项最直接、最经济的根本措施，将对社会、经济和生态的可持续发展产生巨大的推动作用，是实现人与自然和谐统一的有效途径。

第二节　建筑能耗的内涵

建筑能耗有广义和狭义之分，广义上，建筑能耗指在建筑产品生命周期内所消耗的全部能源，包括建材制造运输能耗、建筑建造施工能耗、建筑运行使用能耗和建筑拆除报废能耗等；狭义上，建筑能耗指建筑运行使用过程中的能源消耗，主要包括建筑采暖、空调、热水供应、炊事、照明、家用电器、电梯等方面的能耗。依照国际惯例，本文采用狭义概念。由于通过建筑围护结构散失的能量和供暖制冷系统的能耗在整个建筑能耗中占较大比例(见表5-2)，因此世界各国的建筑节能工作主要围绕提高建筑物围护结构的保温隔热性能和提高供热制冷系统效率两个方面展开，建筑节能就是要在保证和提高建筑舒适性的条件下，合理使用能源，不断提高能源利用效率，降低建筑物的能耗损失。

建筑能耗的构成　　**表5-2**

建筑能耗的构成	采暖空调	热水供应	电气	炊事	合计
各部分所占比例	65%	15%	14%	6%	100%

(资料来源：武涌．关于充分发挥政府公共管理职能，推进建筑节能工作的思考．涂逢祥编．建筑节能(38)［M］．北京：中国建筑工业出版社，2002．2。)

中国地域广阔，南北温差较大，依据《中国建筑气候区划标准》(GB 50178—94)的规定，中国建筑气候区可划分为5个区，分别是：严寒地区、寒冷地区、夏热冬冷地区、夏热冬暖地区和温和地区(见图5-2)。不同地区对采暖和空调有着不同的需求，如严寒和寒冷地区，以采暖能耗为主；夏热冬冷地区和夏热冬暖地区，以空调能耗为主。因此，建筑节能工作要结合不同区域的气候条件、经济水平、能源供应、消费观念等各种因素有差别地组织开展。

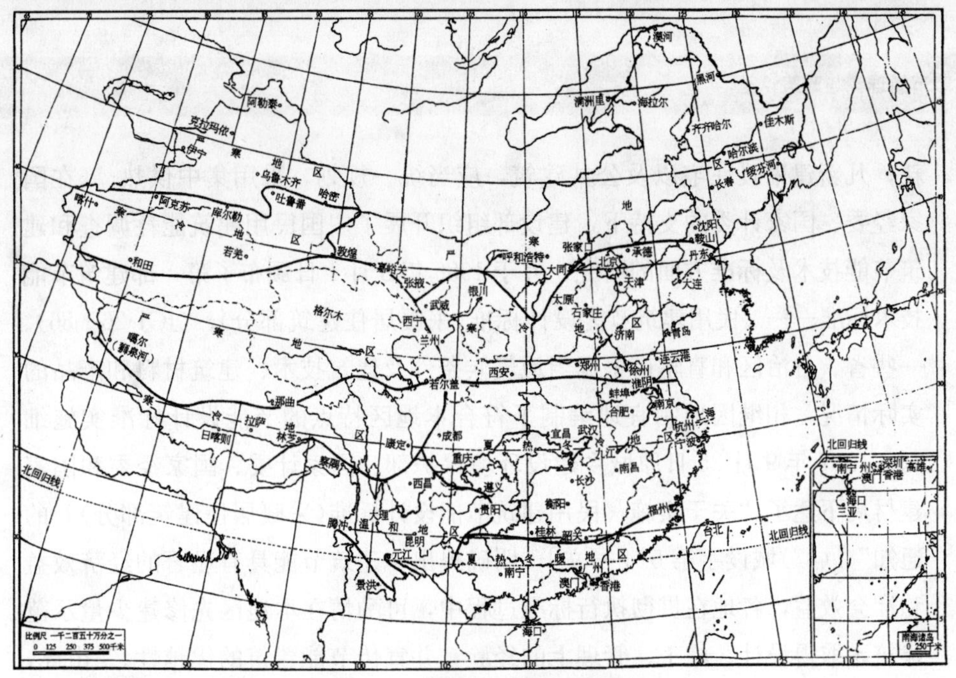

图 5-2　全国建筑热工设计分区图

第三节　中国建筑节能工作进展

一、国家出台的政策、法规和标准

自从 1973 年爆发全球范围的石油危机，国外发达国家就已经认识到节能的重要性和迫切性，并将建筑节能纳入到节能工作的重点，从技术、政策等方面采取各种举措有力地推动了建筑节能战略的实施。而中国的建筑节能工作从 20 世纪 80 年代中期才开始，与国外发达国家相比，起步较晚、发展缓慢。中国建筑节能战略的实施可分为 4 个阶段：

第一，初步实施阶段(1980 年～1987 年)

20 世纪 80 年代起，由于能源供求矛盾逐渐突出，能源短缺成为国民经济和社会发展中的薄弱环节，为解决能源销滞、经济效益低下的问题，国家有计划、有组织地制定了一系列建筑节能政策。1986 年 1 月 12 日，国务院下发了“关于发布《节约能源管理暂行条例》的通知”［国发(1986)4 号］，其中在城乡生活用能管理一章中，明确提出“建筑物设计在保证室内合理生活环境的前提下，应当采取妥善确定建筑体形和朝向、改进围护结构、选择低耗能设施以及充分利用自然光源等综合措施，减少照明、采暖和制冷的能耗；凡新建采暖住宅以及公共建筑，应当统一规划，采用集中供热。”在国家经委、国家计委的支持下，建设部组织开展了中国民用建筑能耗调查和建筑节能技术及标准方面的研究，并于1986年8月1日颁布了第一部建筑节能技术标准——《民用建筑节能设计标准(采暖居住建筑部分)》(JGJ 26—86)。一些省、自治区和直辖市根据当地气候条件及建筑技术、建筑材料和产品的实际情况，相继因地制宜地编制了符合本地区特点的节能设计标准实施细则。1987年9月25日原城乡建设环境保护部、国家计委、国家经委和国家建材局下达了“关于实施《民用建筑节能设计标准(采暖居住建筑部分)》的通知”[(87)城设字第514号文]，明确提出“建筑节能具有显著的经济效益和社会效益，各地在贯彻执行标准过程中，可酌情在本地区先修建少量示范建筑，取得设计、施工、管理上的经验，并宣传节能建筑的优越性。”由此，中国建筑节能战略进入初步实施阶段。

第二，试点示范阶段(1988年～1994年)

1988年，建设部和国家建材局、农业部、国家土地管理局联合成立了墙体材料革新与建筑节能领导小组及办公室，制定了《关于加快墙体材料革新与推广节能建筑的意见》，经国务院批准后印发全国各地执行，并率先在东北的黑龙江省哈尔滨市和西南的四川省成都市组织开展了建筑节能的住宅小区试点示范工程。1990年建设部颁发了与建筑节能相关的设计标准——《民用建筑照明设计标准》(GBJ 133—90)。1991年4月，国务院发布第82号总理令，明确规定对于达到《民用建筑节能设计标准(采暖居住建筑部分)》的住宅，即为北方节能住宅，其固定资产投资方向调节税税率为零。1992年国家计委、国家经委和建设部联合制定了《关于基本建设和技术改造工程项目可行性研究报告增列“节能篇(章)”的暂行规定》，对固定资产项目在提出、论证和立项审批阶段就要求对节能进行专题论证。与此同时，建设部又在国内8个省市组织开展建筑节能试点示范工程，这些试点示范工程对于推动建筑节能工作的开展，提供了成功的经验，取得了良好的效果。1993年，建设部发布《民用建筑热工技术规范》(GB 50176—93)，并于同年正式颁发了第一部商业建筑节能设计标准——《旅游旅馆建筑热工与空气调节节能设计标准》(GB 50189—93)，从此开展了商业建筑的节能工作。1994年9月，为满足城市工业生产用气和居民生活用热的需要，建设部发布了《城市区域锅炉供热管理办法》，发展城市集中供热，以节约能源和减少环境污染。

第三，积极推进阶段(1995年~2000年)

1995年3月，建设部和国家计委共同发布“关于加强城市供热规划管理工作的通知”，规定城市需强化建设集中供热设施，同时需制定科学的供热规划并按规划组织实施，以避免盲目建设和重复建设。1995年5月，建设部制订了《建筑节能“九五”计划和2010年规划》，确立了建筑节能的目标、重点、任务和实施步骤，将居住建筑节能目标明确为3个阶段：第一阶段，新建采暖居住建筑1996年以前在1980—1981年当地通用设计能耗水平基础上普遍降低30%；第二阶段，1996年起在达到第一阶段要求的基础上再节能30%；第三阶段，2005年起在达到第二阶段要求的基础上再节能30%。而对采暖区热环境差或能耗大的既有建筑的节能改造工作，2000年起重点城市成片开始，2005年起各城市普遍开始，2010年在重点城市普遍推行。并预计若按此目标开展工作，至2000年，可累计节能2700万t标准煤。同年，对《民用建筑节能设计标准(采暖居住建筑部分)》进行了修订，批准为行业标准(JGJ 26—95)，自1996年7月1日起施行，该标准中将节能目标改为采暖能耗从当地1980到1981年住宅通用设计的基础上节能50%(其中建筑物约承担30%，采暖系统约承担20%)，但用于加强建筑保温和提高门窗气密性的投资，不超过土建工程造价的10%，投资回收期不超过10年，并预计这一目标若在三北地区全面实施，则从1996—2000年期间，累计节能量可达1000万t标准煤。1997年12月，国家计委、国家经委和建设部根据《中华人民共和国节约能源法》的规定，对1992年的《关于基本建设和技术改造工程项目可行性研究报告增列“节能篇(章)”的暂行规定》进行了重新修订，制定了《关于固定资产投资工程项目可行性研究报告“节能篇(章)”编制及评估的规定》，明确了节能的要求和评估的标准，规定固定资产投资工程项目可行性研究报告中必须包括“节能篇(章)”，而“节能篇(章)”，又须经有资格的咨询机构评估，否则建设项目主管部门不予受理。1999年建设部发布《关于推进住宅产业现代化，提高住宅质量的若干意见》，其中明确将城镇新建采暖住宅建筑节能50%作为提高住宅质量的主要目标。此外，为进一步推动建筑节能工作的开展，2000年2月建设部以部长令的形式发布《民用建筑节能管理规定》(建设部部长第76号令)，鼓励发展节能墙体、节能门窗、集中供热、热电联产、太阳能和地热能利用技术、建筑照明节能技术和空调制冷节能技术等新型建筑节能技术，在新建居住建筑中推行温度调节和户用热量计量装置，实行供热计量收费，由国家组织开展建筑节能产品认证和淘汰制度，对建设项目有关建筑节能的审批、设计、施工、工程质量监督及运营管理各个环节都做了明确的规定，其中不按节能标准设计建造、达不到节能要求或违反规定的，将给予相应的经济处罚，必要时责令停业整顿、降低其资质。

第四，普遍推广阶段(2001 年至今)

在为实施建筑节能战略完成技术准备、标准准备、组织准备和政策准备的基础上，建筑节能从在部分城市组织试点示范转为向全国各地普遍推广，中国的建筑节能事业逐渐得到广泛推行。2001 年 2 月，建设部批准发布了《采暖居住建筑节能检验标准》(JGJ 132—2001)；同时按照建筑气候分区，于 2001 年 7 月组织制定了《夏热冬冷地区居住建筑节能设计标准》(JGJ 134—2001)，这些标准的颁布实施标志着建筑节能工作走向具体化和可行化，进入在全国范围内推广普及节能建筑的阶段。2002 年 6 月建设部发布《建筑节能“十五”计划纲要》，指出“降低建筑能耗是贯彻可持续发展战略的一个重要方面，积极推进建筑节能，有利于改进人民生活和工作环境，保证国民经济持续稳定地增长，减少大气污染，减少温室气体排放，缓解地球变暖的趋势，是发展建筑业和节能事业的重要工作。”2003 年 10 月 1 日起正式实施的《夏热冬暖地区居住建筑节能设计标准》，意味着今后更多的住宅项目从设计时就要考虑到节能的问题，设计出来的产品不但要美观，而且要注意节约能源，标准中对建筑物外窗的面积比例、天窗的面积和传热系数、中央空调的分户调节控制和空调主机是否可能对水源造成污染等方面进行了强制性规定。2004 年 3 月 18 日，建设部颁发《关于发布〈建设部推广应用和限制禁止使用技术〉的公告》，明确提出要将外墙保温技术、建筑门窗和门窗配套件、采暖节能技术和太阳能利用技术加以推广应用。2004 年 4 月 20 日，建设部印发《建筑节能试点示范工程(小区)管理办法》，对建筑节能工程的申报、检查、验收等程序给予了严格规定，旨在充分发挥节能建筑示范效应，推动全国的建筑节能工作。2004 年 4 月 23 日，建设部印发《建设事业技术纲要》，规定全国建筑业需严格执行建筑节能设计标准，到 2010

年，大中小城市和县城均应普遍执行《民用建筑节能设计标准(采暖居住建筑部分)》、《夏热冬冷地区居住建筑节能设计标准》和《夏热冬暖地区居住建筑节能设计标准》，实现建筑设计时就能够将建筑节能与改善建筑室内热环境、减少 CO_2 排放紧密结合。

已经出台的国家级建筑节能政策法规和标准规范分别如表 5-3 和表 5-4 所示。

建筑节能相关政策法规一览表 **表 5-3**

序号	政 策 法 规
1	《关于实施〈夏热冬冷地区居住建筑节能设计标准〉的通知》(建科［2001］239 号)
2	《建筑节能“十五”计划纲要》(建科［2002］175 号)
3	《关于实施〈夏热冬暖地区居住建筑节能设计标准〉的通知》(建科［2003］237 号)
4	《关于加强民用建筑工程项目建筑节能审查工作的通知》(建科［2004］174 号)
5	《关于新建居住建筑严格执行节能设计标准的通知》(建科［2005］55 号)
6	《全国绿色建筑创新奖管理办法》的通知(建科函［2004］183 号)
7	《国务院关于加强城市规划工作的通知》(国发［1996］18 号)
8	《国务院关于加强城乡规划监督管理的通知》(国发［2002］13 号)
9	《关于贯彻落实［国务院关于加强城乡规划监督管理的通知］的通知》(建规［2002］204 号)
10	《国务院办公厅关于清理整顿各类开发区加强建设用地管理的通知》(国办发［2003］70 号)
11	《关于进一步加强与规范各类开发区规划建设管理的通知》(建规［2003］178 号)
12	《关于贯彻［国务院关于深化改革严格土地管理的决定］的通知》(建规［2004］185 号)
13	《关于加强城市总体规划修编和审查工作的通知》(建规［2005］2 号)
14	《关于贯彻〈国务院办公厅关于开展资源节约活动的通知〉的意见》(建科［2004］87 号)
15	《商品住宅性能认定管理办法》(试行)(建住房［1999］114 号)
16	《国家康居示范工程管理办法》(建住房［2000］274 号)
17	《关于在住宅建设中淘汰落后产品的通知》(建住房［1999］295 号)
18	《关于发布〈建设部推广应用和限制禁止使用技术〉的公告》(建设部公告第 218 号)
19	《关于推进住宅产业化提高住宅质量若干意见的通知》(国办发［1999］72 号)
20	《商品住宅装修一次到位实施导则》(建住房［2002］190 号)
21	《住宅建设实用技术导引》
22	《住宅工程质量技术导则》
23	《国家康居示范工程建设技术要点》
24	《住宅产业现代化技术、经济政策研究》
25	《居住区景观设计导则》
26	《国家康居住宅示范工程选用部品与产品》暂行管理办法
27	《混凝土砌块建筑体系实用导则》
28	《居住区智能化系统应用技术要求》

(资料来源：建设部科技司)

建筑节能标准规范一览表 **表 5-4**

序号	标 准 规 范
1	民用建筑热工设计规范 GB 50176—93
2	民用建筑节能设计标准(采暖居住建筑部分)JGJ 26—95
3	延时节能照明开关通用技术条件 JG/T 7—1999
4	免水冲卫生厕所 GB/T 18092—2000
5	既有采暖居住建筑节能改造技术规程 JGJ 129—2000
6	采暖居住建筑节能检验标准 JGJ 132—2001
7	夏热冬冷地区居住建筑节能设计标准 JGJ 134—2001
8	建筑给水排水与采暖工程施工质量验收规程 GB 50242—2002
9	通风与空调工程施工质量验收规程 GB 50243—2002
10	建筑外窗保温性能分级及检测方法 GB/T 8484—2002
11	城市居民生活用水量标准 GB/T 50331—2002
12	城市污水处理厂工程质量验收规范 GB 50334—2002
13	污水再生利用工程设计规范 GB 50335—2002
14	建筑中水设计规范 GB 50336—2002
15	城市供水管网漏损控制及评定标准 CJJ 92—2002
16	城市污水再生利用　分类 GB/T 18919—2002
17	城市污水再生利用　城市杂用水水质 GB/T 18920—2002
18	城市污水再生利用　景观环境用水水质 GB/T 18921—2002
19	节水型生活用水器具 CJ 164—2002
20	采暖通风和空气调节设计规范 GB 50019—2003
21	夏热冬暖地区居住建筑节能设计标准 JGJ 75—2003
22	膨胀聚苯板薄抹灰外墙外保温系统 JG 149—2003
23	建筑给水排水设计规范 GB 50015—2003
24	居住区智能化系统配置与技术要求 CJ/T 174—2003
25	建筑照明设计标准 GB 50034—2004
26	外墙外保温工程技术规程 JGJ 144—2004
27	外墙内保温板 JG/T 159—2004
28	胶粉聚苯颗粒外墙外保温系统 JG 158—2004
29	非接触式给水器具 CJ/T 194—2004
30	公共建筑节能设计标准 GB 50189—2005

(资料来源：建设部科技司)

二、地方出台的政策、法规和标准

在国家建筑节能政策的引导下，一些省市依托于自身的区域特点，颁布了一系列推动本地区建筑节能工作的相关标准和政策(见表 5-5)。

部分省市建筑节能政策法规和标准一览表 **表 5-5**

	名 称	实施日期	相 关 内 容
北京市	《北京市建筑节能与墙体材料革新专项基金使用管理实施办法》	1994.4.12	凡使用实心黏土砖的工业与民用建筑，按不同情况征收“限制使用费”，作为北京市建筑节能、墙体材料革新专项基金，根据不同用途，实行无偿使用和有偿使用
	《北京市节能住宅管理暂行办法》	1994.4.12	规定了节能住宅的审批、监督和检查，不符合节能住宅标准的需交纳固定资产投资方向调节税
	《北京市外墙内保温施工技术规程》	1994.12.1	规定了技术要求、施工条件、施工材料、施工机具、施工程序、质量标准和工程验收等相关事项
	《北京市增强水泥聚苯复合保温板施工技术规程》	1997.10.1	规定了技术要求、施工条件、施工材料、施工机具、施工程序、质量标准和工程验收等相关事项
	《北京市增强石膏聚苯复合保温板施工技术规程》	1997.10.1	规定了技术要求、施工条件、施工材料、施工机具、施工程序、质量标准和工程验收等相关事项
	《民用建筑节能设计标准(采暖居住建筑部分)北京地区实施细则》	1998.1.1	结合本市实际情况规定了建筑节能设计标准的实施细则
	《北京市地热资源管理办法》	1999.10.1	规定地热资源的勘察、开发、利用必须有相应的许可证，开采应安装计量表
	《北京市低温热水地板辐射供暖应用技术规程》	2000.10.1	规定了材料、设计、施工、检验、调试与验收等方面的技术要求
	《北京市新建集中供暖住宅分户热计量设计技术规程》	2000.12.1	规定了热源和室外系统设计、室内系统设计、户内系统设计、系统水力计算和热量计量装置
	《北京市关于在本市城近郊区推广使用清洁能源有关事项的通知》	2001.1.19	在本市近郊区内，各种新建、改建、扩建项目，原则上不得使用燃煤，应选用清洁能源；在 2002 年 12 月 31 日以前，凡本市近郊区内按规定将燃煤改为天然气等清洁能源的，可享受一定优惠政策
	《北京市外墙内保温板质量检验评定标准》	2001.3.1	规定了原材料、面层料浆和板材性能等的技术检验标准
	《北京市建筑节能管理规定》	2001.9.1	鼓励推广应用建筑节能新技术和新产品，淘汰非节能环保型建材，规定 2003 年 5 月 1 日起全市禁止生产实心黏土砖

续表

	名　称	实施日期	相 关 内 容
北京市	《北京市增强粉刷石膏聚苯板外墙内保温施工技术规程》	2001.10.1	规定了技术要求、施工条件、施工材料、施工机具、施工程序、质量标准和工程验收等相关事项
	《北京市外墙外保温施工技术规程》(胶粉聚苯颗粒保温浆料玻纤网格布抗裂砂浆做法)	2002.6.1	规定了技术要求、施工条件、施工材料、施工机具、施工程序、质量标准和工程验收等相关事项
	《北京市外墙内保温施工技术规程》(胶粉聚苯颗粒保温浆料玻纤网格布抗裂砂浆做法)	2002.6.1	规定了技术要求、施工条件、施工材料、施工机具、施工程序、质量标准和工程验收等相关事项
	《北京市节能管理评优奖励办法》	2002.7.29	对在节能工作中作出贡献的单位和个人给予表彰和奖励
	《北京市外墙外保温施工技术规程》(聚苯板玻纤网格布聚合物砂浆做法)	2002.9.1	规定了技术要求、施工条件、施工材料、施工机具、施工程序、质量标准和工程验收等相关事项
	《北京市关于燃煤联片供热锅炉改用清洁能源有关工作的通知》	2003.7.25	规范燃煤联片供热锅炉改造工作，规定各单位需按期完成锅炉改造任务，达到本市《锅炉污染物综合排放标准》(DB 11/139—2002)要求
	《北京市居住建筑节能设计标准》	2004.7.1	节能目标提高到节能65%，建筑降低能耗的措施从过去仅由围护结构和采暖来分担，扩大到由围护结构、外墙、屋顶、外门窗来承担；根据北京的气候特点，以冬季采暖为主，兼顾夏季空调制冷的节能
天津市	《天津市发展新型墙体材料的若干规定》	1992.3.1	鼓励开发推广节能、节地和应用新型建筑材料的建筑体系
	《民用建筑节能设计标准(采暖居住建筑部分)天津地区实施细则(第二阶段)》	1998.1.1	规定了适合本市实际情况的建筑节能设计标准实施细则
	《建筑物围护结构传热系数和采暖热负荷检测方法》	1999.11.15	规定了建筑物围护结构传热系数和采暖热负荷检测的方法

续表

	名　称	实施日期	相 关 内 容
天津市	《天津市室内采暖系统设计管理暂行办法》	1999.12.20	凡新建住宅、新建公建工程的供热室内采暖系统和原有住宅建筑的室内采暖补建工程必须设计为一户一表系统，并且有分户控制、分户计量、按户收费功能
	《天津市关于改革住宅集中供热收费机制的意见》	2000.10.19	取消供热采暖费用由单位报销的办法，建立供热价格调节基金
	《天津市集中供热住宅计量供热系统》	2001.5.1	规定了热源、热力站及热力管网、建筑物热力入口、建筑物内和户内系统、系统水力计量和热量计量装置
	《天津市关于新建住宅室内采暖系统一律安装热计量收费装置的通知》	2001.7.23	规定从2001年冬季开始供热的新建住宅室内采暖系统一律要安装热计量装置
	《天津市节约能源条例》	2001.10.1	鼓励发展低能耗产业和开发利用新能源，应加快技术改造，降低能耗；固定资产投资工程项目的可行性报告中应包含节能篇(章)
	《天津市墙体材料革新和建筑节能管理规定》	2002.3.1	2003年7月1日起，在本市外环线以内地区和塘沽区、汉沽区、大港区内的建成区，以及天津经济技术开发区、天津港保税区、天津新技术产业园区范围内的新建住宅工程，全面禁止使用实心黏土砖；自2003年1月1日起，建设行政主管部门和有关行政主管部门对在前款所列地区范围内使用实心黏土砖的住宅项目建设计划和住宅施工图设计文件，不再予以批准
上海市	《上海市节约能源条例》	1998.10.15	鼓励和支持发展高附加值、低耗能的产业；对高耗能的产业，应当有计划、有步骤地进行调整，或者加快技术改造，降低能耗；固定资产投资工程项目的可行性研究报告，应当包括合理用能的专题论证或者节能篇(章)；鼓励开发利用新能源
	《上海市禁止和限制使用黏土砖管理暂行办法》	2001.1.1	禁止生产实心黏土砖，禁止新建空心黏土砖生产线；建设工程使用黏土砖的，应当缴纳专项资金
	《上海市“十五”期间建筑节能实施纲要》	2002.9.23	制定了建筑节能分步目标：2002年，新建(在建)100万m^2住宅建筑执行《夏热冬冷地区居住建筑节能设计标准》；2003年，30%的新建(在建)住宅建筑和部分公共建筑执行节能设计标准；2004年，70%的新建(在建)住宅建筑和部分公共建筑执行节能设计标准；2005年，本市全部新建(在建)住宅建筑和部分公共建筑执行节能设计标准

续表

	名　称	实施日期	相关内容
上海市	《上海市节能住宅建筑认定管理暂行办法》	2002.10.1	规定了申请节能住宅建筑认定的条件、程序、管理及处罚
	《上海市住宅建筑围护结构节能应用技术规程》	2002.12.1	明确了节能技术应用与要求，适用于上海市新建、扩建和改建的住宅建筑围护结构节能设计、施工和验收
	《上海市住宅建筑节能检测评估标准》	2003.6	对节能住宅单体、节能住宅小区和节能超过50%的住宅建筑的认定明确了评估标准、条件和方法
	《关于进一步加快推进本市建筑节能工作的若干意见》	2003.10.1	2003年10月1日起申请初步设计文件审查的，或2003年10月1日前初步设计文件已审查的，但在2003年12月1日以后通过施工图设计文件审查的下列新建住宅项目，应执行《夏热冬冷地区居住建筑节能设计标准》：(1)内环线以内住宅建设项目；(2)申报“国家康居示范工程”和“市新型墙体材料与节能住宅示范工程”的住宅建设项目；(3)低层住宅小区和一城九镇特色风貌住宅小区建设项目。2004年2月1日起申请初步设计文件审查的，或2004年2月1日前初步设计文件已审查的，但在2004年4月1日以后通过施工图设计文件审查的下列建设项目，应执行《夏热冬冷地区居住建筑节能设计标准》和相关公共建筑节能设计标准：(1)外环线以内新建住宅建设项目；(2)本市范围内新建政府机关办公用房、商场、旅馆和由它们组成的综合楼建设项目
	《上海市公共建筑节能设计标准》	2004.1.1	适用于上海市范围内的新建商场、旅馆、办公楼和由它们组成的综合楼项目
	《上海市建筑节能管理办法》	2004.8已在网上公布，征求市民意见	新建项目必须按办法规定和节能设计标准与规范，采取节能措施。尚未达到国家和本市建筑节能标准的建筑在改建、扩建时，涉及建筑围护结构的，要采取隔热保温措施
河北省	《河北省采暖居住建筑节能设计暂行规定》	1992.11.1	规定了采暖期住宅建筑耗热量指标、建筑热工设计、采暖设计等
	《河北省新能源开发利用管理条例》	1997.4.25	鼓励研究、开发和推广应用太阳能、风能、地热能、生物质能等新型能源

续表

	名　称	实施日期	相 关 内 容
河北省	《河北省墙体材料革新与建筑节能管理暂行规定》	1998.1.1	凡城镇建设单位在本省辖区内新建、改建、扩建的建设工程(含旧房拆除后新建)，建设单位应向所在地的墙体材料革新办公室缴纳墙体材料革新与建筑节能专项资金；在本省范围内(边远地区除外)不得新建或扩建生产实心黏土砖厂
	《河北省民用建筑节能管理实施办法》	2000.10.1	规定了省内民用建筑节能管理的实施办法
	《河北省民用建筑节能设计规程》	2000.10.13	规定了建筑能耗估算指标、热工设计、采暖设计、空调设计、给水排水设计和电气设计
黑龙江省	《黑龙江省地面辐射采暖铝塑复合管道工程技术规程》	2000.10.1	规定了设计要点、材料要求、施工工艺、施工要点、质量标准和工程验收等
	《黑龙江省烧结砖外贴苯板复合墙体技术规程》	2001.1.1	规定了设计要点、材料要求、施工工艺、施工要点和质量标准等
	《黑龙江省普通混凝土小型空心砌块下夹心苯板复合墙体建筑技术规程》	2001.1.1	规定了设计要点、材料要求、施工工艺、施工要点和质量标准等
	《黑龙江省烧结普通砖夹心苯板复合墙体施工及验收规程》	2001.1.1	规定了设计要点、材料要求、施工工艺、施工要点、质量标准和工程验收等
	《黑龙江省低温辐射电热膜供暖技术规程》	2001.1.1	规定了设计要点、材料要求、施工工艺、施工要点、质量标准和工程验收等
	《黑龙江省地面辐射采暖交联聚乙烯管道工程技术规程》	2001.1.1	规定了设计要点、材料要求、施工工艺、施工要点、质量标准和工程验收等
	《黑龙江省民用建筑节能设计标准实施细则(采暖居住建筑部分)》	2001.12.1	规定了适合本省实际情况的建筑节能设计标准实施细则

续表

	名　称	实施日期	相 关 内 容
哈尔滨市	《哈尔滨市节能管理办法》	1991.5.1	建设、设计节能建筑，可享受一系列优惠政策
	《民用建筑节能设计标准(采暖居住建筑部分)哈尔滨地区实施细则》	1999.8.1	规定了适合本市实际情况的建筑节能设计标准实施细则
	《哈尔滨市建设局关于加强民用建筑节能管理的通知》	2002.5.13	2002年6月1日以后报审施工图的新建、改建和扩建的居住建筑、旅游旅馆建筑及其附属设施等项目都应达到规定的建筑节能标准，否则不予审批
	《哈尔滨市墙体材料革新和建筑节能管理办法》	2003.4.1	2005年6月30日起在全市禁止使用实心黏土砖，鼓励开发利用新型墙体材料
	《哈尔滨市节约能源办法》	2004.3.1	能耗高的生产单位需执行单位产品能耗限额，鼓励开发节能新技术和新产品，充分利用新能源

（资源来源：建设部建筑节能办公室. 建筑节能技术标准规范汇编 [M]. 北京：中国建筑工业出版社，2003。）

三、建设部组织的建筑节能试点示范工程

在建设部的领导和指挥下，一些大中城市组织开展了建筑节能试点示范工程，将新研制开发的外墙外保温技术、节能门窗等在节能示范工程中进行了试点应用。同时，为推进城镇供热改革，实现采暖系统节能，从20世纪90年代初开始组织进行供热计量控制系统和热计量装置的科研开发和试点示范工程实践。近几年来建设部的部分建筑节能试点示范工程如表5-6所示。

建设部建筑节能试点示范工程　　　表5-6

序号	试点示范工程名称	开竣工时间	组织实施单位
1	本溪市“西芬小区”节能示范工程	1999年	本溪房地产开发有限公司
2	天津市龙潭路节能示范住宅楼	1999年	天津市广厦建筑设计院
3	哈尔滨市和兴节能住宅小区	1999年	黑龙江北鸿房地产开发公司
4	天津市华苑绮华里节能住宅小区	1999年	天津市安居建设发展总公司
5	沈阳市望花安居工程节能住宅小区	1999年	沈阳市房产管理局

续表

序号	试点示范工程名称	开竣工时间	组织实施单位
6	哈尔滨市“人和名苑”建筑节能试点示范小区	1999年～2002年12月	哈尔滨市三星房地产开发有限公司
7	新疆建工集团一建节能试点示范住宅楼	2001年～2002年	新疆建工集团技术中心
8	新疆建工集团三建节能试点示范住宅楼	2001年～2002年	新疆建工集团技术中心
9	长春市“星宇名家”建筑节能试点示范小区	2001年6月～2002年6月	长春星宇集团股份有限公司、长春星宇房地产开发总公司建宇分公司
10	成都市“金房苑”（第三期）建筑节能试点小区	2001年10月～2002年12月	成都金房集团公司、四川省建筑设计院
11	成都“锦西民园”建筑节能试点小区	2001年1月～2002年12月	成都市公用事业房屋开发公司、四川省建筑设计院
12	武汉“蓝湾俊园”建筑节能试点小区	2001年1月～2001年12月	武汉市节能办、武建富强股份有限公司、北京建筑技术研究院
13	武汉“航天花园”建筑节能试点小区	2001年1月～2002年6月	武汉市节能办、武汉三江航天房地产开发有限公司
14	武汉“永清庭苑”建筑节能试点小区	2001年3月～2002年4月	
15	兰州市建筑节能（隔震）住宅试点楼	2001年4月～2002年10月	兰州市墙体改革建筑节能办公室、甘肃省建筑设计研究院
16	重庆市“凤天锦园”建筑节能试点小区	2001年4月～2002年10月	重庆市建筑节能办公室、重庆大学、重庆市设计院、重庆渝开发房地产分公司
17	山东省济宁“鸿顺花园”小区建筑节能试点工程	2001年5月～2002年11月	山东省济宁市鸿顺建筑集团有限公司、济宁市建筑设计研究院
18	北京市“天方苑”建筑节能试点小区	2001年12月～2002年12月	北京市供销合作总社、中天创业投资有限公司
19	成都阳光假日大厦	2002年6月～2003年底	成都武城实业（集团）股份有限公司、中国建筑西南设计研究院
20	杭州市“清怡花苑”建筑节能试点示范小区	2002年6月～2004年8月	杭州市商宇房地产开发经营公司

（资料来源：建设部建筑节能中心。）

四、国内外建筑节能交流合作项目

为加快建筑节能的工作步伐，提高建筑节能的质量，建设部积极与国际机构、外国政府和社会团体开展各种层次的国际交流与合作，引入国际先进的经验、技术、模式，取得了阶段性的成果，促进了中国建筑节能事业的发展。目前已经完成以及刚刚开展的国际交流合作项目有：

(1) 1999—2000年，世界银行资助的项目——中国建筑节能调研。完成《中国建筑节能调查分析报告》，主办“促进中国建筑节能成本效益投资”研讨会，提交《促进中国建筑节能的契机》报告。

(2) 中国与美国能源基金会合作，开展夏热冬冷地区居住建筑节能设计标准的制定、建筑物能耗的计算、建筑节能政策研究等。

(3) 1996—2003年，中国—加拿大建筑节能合作项目，1996年10月18日两国政府正式签署了合作项目的谅解备忘录，包括建筑节能政策实施、标准规范的方法研究、住宅建筑示范工程、培训与信息传播等内容。

(4) 荷兰政府赠款项目：目前正在申请中，建筑节能部分主要以中国西部城市示范工程建设为主。

(5) 世界银行—中国城市集中供热计量改革项目。该项目是在对中国几年调研的基础上，拟通过世界银行申请GEF资助。项目主要是以天津市为试点城市，以示范工程开展新建居住建筑“室温可控、分户计量”、动态可调供热系统、供热收费制度改革等相关政策的研究。

第四节　中国建筑能耗现状分析

过去很长时间，政府对能源的管理偏重于工业节能，忽略了建筑和交通领域的节能，尤其是对建筑节能重视不够，以至于建筑节能长期落后，成为中国节能工作中的最薄弱环节。如今尽管政府正在不断地加强建筑节能工作的力度，但是，中国目前的建筑节能现状却仍不容乐观。从1986年中国试行第一部建筑节能标准至今，节能建筑仍处在试点层面，尚未全面推行，建筑节能只相当于发达国家的起步阶段，节能工作行动迟缓。中国的建筑产品仍处于能源消耗大、能源效率低、环境污染重的阶段。

一、能源消耗大

随着中国城市化进程的加快，越来越多的人口从农村转移到城市，建筑物的市场需求数量日益旺盛。至2002年底，全国既有房屋建筑面积，城市已达131.8亿m^2(其中住宅约70亿m^2)。从2000年至2004年，全国建筑施工面积以年均14%的速度向上增长。建筑面积的迅速增加及采暖、空调、家用电器的普遍使用，导致建筑能耗持续上升。1996年中国建筑年消耗3.347亿t标准煤，占能源消耗总量的24.1%，到2001年末已达到3.58亿t标准煤，占能源消耗总量的27.5%[93](见表5-7)。据中国建筑节能专业委员会做的一项调查显示，北京市一般住宅建筑的采暖能耗基准数是25kg标准煤，采取节能措施后的实际采暖能耗为23.9kg标准煤，并无明显改进；而气候条件相似的德国，新建住宅的采暖能耗已经从20世纪70年代的25～30kg标准煤降为目前的4～8kg标准煤，降低了73%～84%[94]。除采暖外，空调及家用电器也是耗能大户，据统计，从1995—2004年，城镇居民家庭空调平均拥有量增长了6倍多(见表5-8)。2002年，全国空调高峰负荷已达到4500万kWh，相当于2.5个三峡电站建成后的满负荷出力。

中国建筑能耗数据(1996年～2001年) **表5-7**

年份	建筑能耗(Mtce)	能源消耗总量(Mtce)	建筑能耗所占比例
1996	334.7	1389.5	24.1%
1997	341.4	1381.7	24.7%
1998	345.7	1322.1	26.2%
1999	349.0	1301.2	26.8%
2000	350.4	1303.0	27.4%
2001	358.0	1349.1	27.5%

(资料来源：建设部建筑节能中心。)

中国城镇居民家庭家用电器平均拥有量(1995年～2004年) 单位：台/百户 **表5-8**

年份	空调器	洗衣机	电冰箱	彩电	电炊具	热水器
1995	8.09	89.97	66.22	89.79	84.14	30.05
1996	11.61	90.06	69.67	93.50	91.50	34.16
1997	16.29	89.12	72.98	100.48	92.35	38.94
1998	21.01	90.57	76.08	105.43	95.98	43.30
1999	24.48	91.44	77.74	111.57	101.82	45.49
2000	30.76	90.52	80.13	116.56	101.94	49.11
2001	35.79	92.22	81.87	120.52	107.87	52.00
2002	51.10	92.90	87.38	126.38	96.02	62.42
2003	61.79	94.41	88.73	130.50	101.19	66.61
2004	69.81	95.90	90.15	133.44	106.38	69.40

(资料来源：国家统计局．中国统计年鉴(1996年～2005年)［M］．北京：中国统计出版社。)

与此同时，人们对居住质量及室内舒适度也提出了更高的要求，人均生活用能量逐渐增加，从1990年的139.2kg标准煤增长到2003年的149.5kg标准煤，年均增长约8kg标准煤，其中人均生活用电量增长最为迅猛，从1990年的42.4kWh增长到2003年的173.7kWh，年均增长约10kWh(见表5-9)。

人均生活能源消费量(1990～2003年)　　**表5-9**

年份	人均生活用能(kg标准煤)	煤炭(kg)	电力(kWh)	煤油(kg)	液化石油气(kg)	天然气(m^3)	煤气(m^3)
1990	139.2	147.1	42.4	0.9	1.4	1.6	2.5
1991	138.1	142.0	46.9	0.8	1.7	1.6	3.1
1992	133.4	126.1	54.6	0.7	2.0	1.8	4.4
1993	130.6	120.5	61.2	0.6	2.5	1.4	4.5
1994	129.3	109.5	72.7	0.6	3.2	1.7	6.3
1995	130.8	112.3	83.5	0.5	4.4	1.6	4.7
1996	145.5	118.3	93.1	0.5	5.8	1.6	3.9
1997	133.1	99.5	101.8	0.5	6.0	1.7	4.9
1998	115.9	71.5	106.6	0.5	6.2	1.9	6.0
1999	116.1	67.1	118.1	0.6	7.0	2.1	9.3
2000	118.1	62.6	132.4	0.6	7.8	2.6	10.0
2001	121.3	61.6	144.6	0.6	7.9	3.5	9.4
2002	133.0	59.4	156.3	0.4	9.1	4.0	9.8
2003	149.5	63.4	173.7	0.4	10.0	4.4	10.2

(资料来源：国家统计局．中国统计年鉴(2005年)[M]．北京：中国统计出版社。)

二、能源效率低

由于建筑围护结构保温隔热和气密性能差，采暖空调系统能源效率低下，与气候接近的西欧或北美国家相比，中国住宅单位采暖建筑面积要多消耗2～3倍以上的能源，且舒适性较差[95]。其中外墙、屋顶单位面积能耗为发达国家同类建筑的3～5倍，窗户单位面积能耗为2～3倍。例如北京市在执行节能新标准前，住宅建筑单位平均能耗为30.1W/m^2；执行节能新标准后，住宅建筑单位能耗降为20.6W/m^2，但仍高于瑞典、丹麦、芬兰等国11W/m^{2}的水平。2001年对中国部分省市住宅建筑能耗的调查数据显示，北方采暖地区的住宅建筑单位能耗明显偏高(见图5-3)。

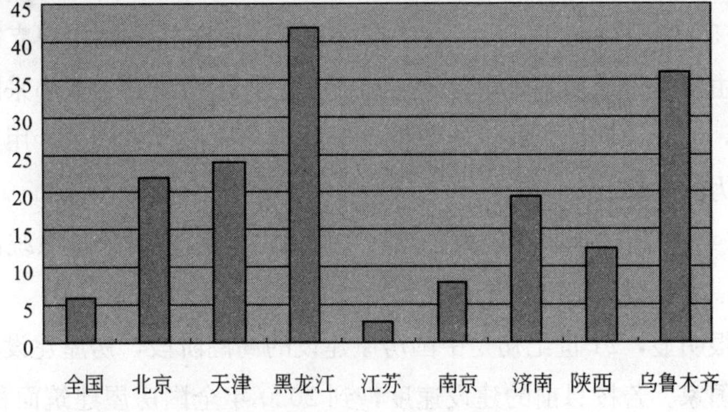

图 5-3　2001 年全国及部分地区建筑能耗

欧洲国家的住宅年实际采暖能耗已经普遍降低到 6L/m^2 油以下，领先的“高舒适度、低能耗”住宅则达到 3L/m^2 油以下，而北京市住宅的平均采暖能耗按欧洲方法折算为 16L/m^2 油，即使按照节能 50%标准新建的住宅采暖能耗也是 8.75L/m^2 油的水平[96]。目前中国建筑能耗中有 50%左右是供热和空调设施，北方城市集中供热的能源主要以锅炉为主，供热输配管网保温隔热性能差，整个供热系统的综合效率仅为 35%～55%，远低于发达国家 80%左右的水平。

三、环境污染重

供暖和制冷设施大规模的使用，带来的是严重的环境污染和大量的温室气体排放，由建筑能耗产生的 CO_2 排放量已经占到全国 CO_2 排放总量的 1/4 左右。由于建造的大多为高耗能建筑，因此所排放的温室气体也将是发达国家的 2～3 倍。冬季采暖已经成为北方城镇大气环境的主要污染源，例如我国北方采暖地区，每年就要多消耗 1800 万 tce，多排放 CO_2 52 万 t，直接经济损失达 70 亿元[97]。

世界银行在对中国建筑节能进行长达 3 年的考察后，提出《中国促进建筑节能的契机》的报告，其中指出：

(1) 从 2000 年到 2015 年是中国民用建筑发展鼎盛期的中后期，预测到 2015 年民用建筑保有量的一半是 2000 年以后新建的。

(2) 中国没有注重建筑节能，从而每年新增的7～8亿平方米非节能建筑在未来几十年里将无节制地消耗大量能源。

(3) 中国目前和以后将继续推行的住房改革将激励用户支持购买节能住宅，由于是个人而不是单位购买和拥有住房，用户更加关心采暖和制冷的舒适性，关心如何使公共设施费用趋于最小，如果政策到位，用户需求会成为强有力的杠杆。

(4) 提高建筑采暖能效是减轻中国北方地区城市采暖系统面临的经济危机的一个关键和必要的措施。

很明显，21世纪初是中国房屋建设的高潮阶段，房屋建设规模已经超过发达国家。若按目前的建设速度，到2020年全国房屋建筑面积将达到2000年的2倍；同时若按照目前的建筑能耗水平发展，到2020年全国建筑能耗将达到2000年的3倍，建筑能耗问题相当严重，情况十分紧迫，如果不采取强有力的措施，将大大加重国家的能源负担，严重威胁国家的能源安全，阻碍经济和社会的可持续发展。建筑物的服务寿命一般不低于50年，在如此漫长的时间内，建筑物的运行、使用和维护将消耗大量能源。如何在不断提高室内舒适性的同时，提高能源利用效率，使建筑用能的总水平不断降低，走可持续发展之路，是实现我国国民经济和社会可持续发展的重要内容，同时也是保护资源、减少环境污染的重要举措。

第五节　中国建筑节能存在问题及原因分析

一、中国建筑节能存在问题

(一) 建筑节能标准技术指标落后

世界发达国家对建筑节能工作十分重视，并不断地修订建筑节能标准，例如，丹麦至今修改过6次，英、法、德等国也修订过4次。其中英国和德国，随着生活舒适性程度的不断提高，新建建筑节能标准已提高到原来的3～5倍(见表5-10和表5-11)。

英国历年建筑围护结构传热系数限值　单位：W/(m² · K)　表 5-10

	屋顶	外墙	地面	窗户
1965	1.42	1.70	—	—
1976	0.6	1.0	—	—
1982	0.35	0.6	—	—
1990	0.25	0.45	0.45	3.3
2002	0.15	0.35	0.25	2.0

（资料来源：顾同曾．欧洲三国建筑节能近况［J］．建筑创作，2002(6)：64—69，65。）

德国历年建筑围护结构传热系数限值　单位：W/(m² · K)　表 5-11

	屋顶	外墙	地面	窗户
1952	0.90	1.39	0.90	3.5
1977	0.45	—	0.90	3.5
1984	0.30	—	0.55	3.1
1995	0.22	0.50	0.35	1.8
2001	0.20	0.20～0.30	—	1.5

（资料来源：涂逢祥．英、法、德三国建筑节能标准近期进展．建筑节能(37)［M］．北京：中国建筑工业出版社，2002。）

而中国的建筑节能标准从 1986 年制定，只在 1995 年更改过一次，建筑节能技术标准中规定的围护结构传热系数、采暖供热、通风换气、空调制冷等方面的技术指标远远低于国际发达国家水平(见表 5-12)。

国内外建筑外围护结构传热系数比较　单位：W/(m² · K)　表 5-12

			外墙	外窗	屋顶
中国	北京	1986 年节能标准	1.28	6.40	0.91
		1996 年节能标准	0.82	4.00	0.60
	哈尔滨	1986 年节能标准	0.73	3.26	0.64
		1996 年节能标准	0.40	2.50	0.30
瑞典	南部地区		0.17	2.00	0.12
美国	相当于北京地区		0.32(内保温) 0.45(外保温)	2.04	0.19
加拿大	相当于北京地区		0.36	2.86	0.40
	相当于哈尔滨地区		0.27	2.22	0.17
日本	北海道		0.42	2.33	0.23
俄罗斯	相当于北京地区		0.44	2.75	0.33
	相当于哈尔滨地区		0.32	2.35	0.24
丹麦			0.20(每 m² 重量＜100kg) 0.30(每 m² 重量＞100kg)	2.90	0.15

(二) 建筑节能标准贯彻率低

由于国家已经颁布的建筑节能标准不具有强制性，至今尚未得到全面贯彻实施，执行力度明显不足，各地区有法不依现象十分严重。建设部 2000 年组织了对北方地区 2 个直辖市和部分省、自治区贯彻建筑节能设计标准的检查，发现达到建筑节能设计标准的节能建筑只占同期建筑总量的 6.4%。截至 2000 年底，全国既有房屋的建筑面积，城市为 76.6 亿 m^2(住宅约占 57.6%)，农村则为 200.4 亿 m^2(住宅约占 80%)，而其中能够达到建筑节能设计标准的只有 1.8 亿 m^2，仅占全部城乡建筑面积的 0.6%，占城市房屋建筑面积的 2.3%。虽然新建节能建筑增长速度较快，但是到 2002 年底，全国仅建成 2.3 亿 m^2 的节能建筑，占城市既有房屋建筑总量的 2.1%。2002 年全国竣工房屋建筑面积为 19.7 亿 m^2，其中城市新建建筑面积约 10 亿 m^2，然而在这 10 亿 m^2 中，仅有 6%可称之为节能建筑[98]。近几年来，全国每年约 20 亿 m^2 的新建建筑竣工面积当中，只有 5000 万～6000 万 m^2 是节能建筑，占 3%左右，也就是说有 97%属于高耗能建筑，许多建筑没有达到现行《节能设计标准》的要求。

从全国范围来看，新建建筑节能标准贯彻率极其不平衡，具体表现在：

(1) 地区间发展不平衡。总的来看，北方地区由于建筑节能设计标准颁布较早，进展较快；而过渡地区和南方地区则进展较慢，尚处于起步阶段。在同一个省(区、市)，一般经济较发达地区工作进展较快，而经济欠发达地区则工作相对滞后。

(2) 城乡间发展不平衡。目前建筑节能工作主要在城区展开，各项措施、各个环节落实较好，而在城区以外，尤其是农村及乡镇地区，建筑节能工作没有得到开展，新建建筑基本没有执行节能设计标准，相关的管理措施也没有到位。

全国 300 多亿 m^2 的既有建筑中，由于既有建筑节能改造涉及投融资、房屋所有权、法规等方面的问题，绝大部分依然是非节能建筑，仍在浪费着大量能源。

(三) 建筑节能新技术、新材料和新产品利用率低

自 20 世纪 80 年代初期提出实施节能战略以来，众多专家学者充分认识到了建筑节能在节能中的重要地位，在科研机构和高等院校内组织开展了众

多建筑节能新技术、新材料和新产品的研究开发。迄今为止，在通风技术、遮阳技术、太阳能技术、中水系统技术、地源热泵技术、节能墙体材料、节能门窗和供热制冷设备等方面都取得了相应的科研成果。但是这些新技术和新产品多数仅仅是作为学术论文使用，在实践中推广应用率极低，研究开发与实际应用严重脱节，无法发挥其应有的社会和生态价值。而一些地方虽然将开发研制的节能技术和节能材料投入使用，但在使用过程中往往存在保温材料质量不合格、施工工艺不成熟、节能产品性能不稳定等问题，同样没有发挥出节能新技术、新材料和新产品对建筑节能工作的贡献。建筑节能关键技术，如外墙围护结构体系、高效的供热制冷系统、可再生能源的建筑应用等技术不配套，不能完全解决耐久性(与建筑同寿命)、防火、外贴墙砖、修补维护等技术细节问题，导致开发商在技术选择上顾虑重重。相比国际水准，多数现有技术还比较低级，系统配套差，其产业化程度也不高，如果大幅度提高节能标准要求，现有技术大都难以支撑。

(四) 建筑节能市场发育缓慢

中国目前节能建筑的建设主要是在一些城市内搞试点示范工程，供给量很小，尚未形成完善的建筑节能市场，无法利用市场机制对节能建筑进行有效的资源配置，对其供求状况和价格取向产生影响。节能建筑市场发育不完善、进展困难，缺乏市场监督和管理机制，市场秩序混乱，致使节能建筑无法遵循正常的竞争准则进行交易，节能建筑在市场中往往受到传统建筑的排挤，难以占据市场份额；建筑节能技术、材料和人才市场尚未建立，无法为建筑节能工作的开展提供相应的技术服务和后备力量。

二、中国建筑节能存在问题的原因分析

(一) 相关主体节能意识薄弱

建筑节能是一项系统工程，从建筑的规划设计，到建筑的施工建设，直到竣工后使用的每一个环节都关系到是否实现节能目标。建筑节能领域涉及的相关主体有政府部门、房地产开发商、业主或使用者、规划设计单位、材料设备供应商、施工单位、监理单位、物业管理单位等，他们在建筑节能系统中的相互关系如图 5-4 所示。

相关主体的节能意识由弱到强的排列顺序为：消费者(用户)→房地产开

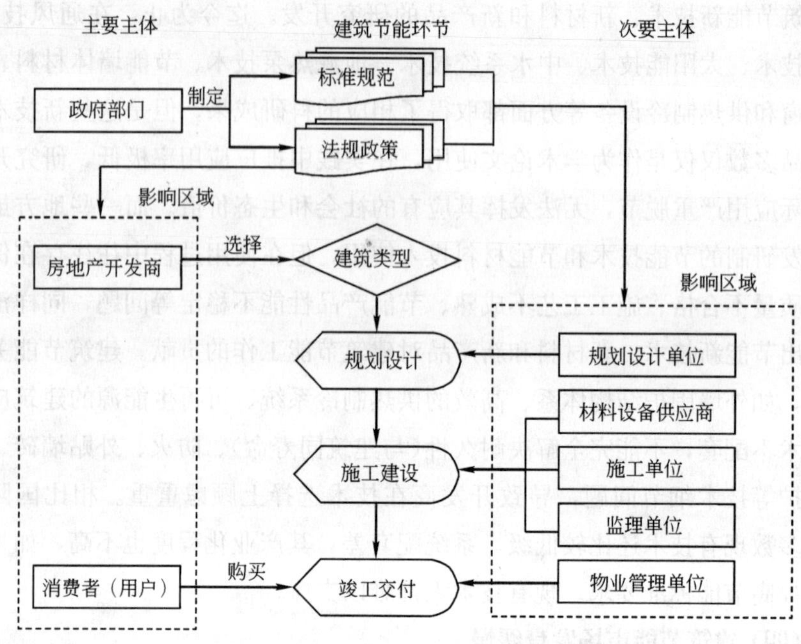

图 5-4　建筑节能领域相关主体关系图

发商→物业管理人员→建筑专业人员（包括设计师、工程师等）→政府官员。广大社会公众缺乏清晰的节能意识，“资源和能源取之不尽、用之不竭”的传统观念仍存留于大多数人思想中，尚未真正意识到能源危机和全球气候变暖可能带来的灾难性后果。消费者和开发商均具有较强的短视行为，消费者只考虑目前的购房支出，而忽视了未来的建筑运行费用，不能从建筑全寿命周期成本的角度选择产品；开发商则只考虑目前的投资收益，而忽视了未来的社会和环境影响，不能从可持续发展的角度选择开发决策方案。建筑专业人员和物业管理人员虽比普通民众拥有较强的节能意识，但由于不是房地产开发的决策者，缺乏资金和技术方面的支持而抑制了节能倾向。例如，上海市曾经做过的一项调查显示：在建筑专业人员中有 87％认为中国建筑能耗与国外存在较大差距，在物业管理人员（尤其是建筑能源管理人员）中有 88％认为采取一定的节能措施十分必要，但仅有 56％表示目前可能会采取行动[99]。政府官员由于关注国家和世界各国的发展动态，获取信息较多，能够从全局角度考虑问题，节能意识最为强烈，但是对建筑节能的重要性和紧迫性认识不够，同时，由于建筑节能是一项长期工程，无法体现官员的当期政绩，因此，政府部门缺乏将节能知识快速普及的意识，缺乏支持建筑节能新技术、新材料和新产品推广应用的意识，缺乏对节能标准贯彻实施的监管意识，致使不能有效地推动建筑节能战略的实施。

(二) 建筑节能信息流通不畅

首先，在房地产开发市场上，建筑节能新技术、新材料和新产品的研发信息无法快速传递给开发商和设计单位，致使传统建筑技术仍占据市场主要地位，节能新技术和新产品的推广应用受阻；其次，在房地产交易市场上，供给方与需求方之间关于建筑质量、功能和性能等方面的信息严重不对称，需求方很难准确判断建筑物中围护结构、采暖及空调设施是否具备节能性能，整个建筑是否达到节能标准，哪些建筑产品可称为节能建筑，哪些不能称为节能建筑，只知道市场上建筑产品的平均质量，因而，只愿意根据平均质量支付价格，市场上的逆向选择由此产生，价格低廉的普通建筑逐渐将节能建筑挤出交易市场，节能建筑在市场上的地位受阻。建筑节能市场信息的不完全和不充分，严重阻碍了建筑节能市场的培育和完善。

(三) 建筑节能管理体制不健全

若想全面有效地实施建筑节能战略，关键是必须建立一套健全的建筑节能管理体制，其内容应该包括：建筑能耗评估体系、节能产品认证体系、节能技术研发体系、节能标准宣传贯彻体系和标准实施监管体系等。但是，中国目前上述体系尚未得到建立和完善，不规范的管理体制严重阻碍了建筑节能工作的开展，主要表现为：首先，人们对于节能建筑的评价缺乏科学依据，这也是消费者陷入建筑产品选择困境的原因之一；其次，上下级之间关系不协调，上级部门难以对下级单位节能标准的贯彻情况及时进行监督和管理；再次，建筑节能某些环节脱节，由于缺乏统一的管理机构，同是开展建筑节能工作的相关机构却归属于不同的部门管理，无法将各自的工作相互衔接，例如，当前在国内广泛推行的墙体材料革新工作属于建筑节能工作的一个重要环节，但是由于归属于不同的部委(建筑节能由建设部负责，墙体材料革新由国家经济贸易委员会负责)，没有做到与建筑节能工作之间的紧密结合，双方之间矛盾较多，无法取得应有的效果。

(四) 建筑节能经济激励政策缺乏

从世界各国的经验看，建筑节能是社会公益性较强的领域，即市场机制失灵的领域，仅仅依靠市场机制是不能奏效的，只有通过政策充分运用法律、行政及经济激励等手段，才能引导、规范和促进该项工作的开展。但从宏观层次看，国家正在实施的财政政策、货币政策中所涉及的重点领域未包括建筑节能领域；从微观层次看，国家尚未出台促进建筑节能工作的专门政策和法规，现有的《中华人民共和国节约能源法》对建筑节能仅有原则性规定，难以操作。目前开展的建筑节能工作仅靠建筑节能设计标准这种单一手段，缺乏对建筑节能的实质性经济激励政策和必要的资金支持，而标准规范实际上对开发商和消费者这两大建筑节能主体并没有强制作用，因此节能效果不显著。由于建筑节能工作需要大量的资金投入，若不制定财政税收类的经济激励政策，而是单纯依靠建筑节能立法和标准的强制性推行，难以推动开发商和消费者的自觉行为，建筑节能战略必将进展缓慢。

（五）供热收费体制阻碍

降低采暖能耗是建筑节能的重点环节，只有提高用户的采暖节能意识，才能真正推进建筑节能的步伐。目前中国北方城市建筑采暖方式大多是已形成以热电联产集中供热和区域锅炉房为主，以燃气、电中央空调以及其他方式为补充的供热格局，但集中供热收费依然采用的是计划经济体制下的福利型“包烧制”，即按建筑面积计算采暖费，耗能多少与用户利益无关。而且目前的供热采暖系统多数采用垂直单管串联方式，用户无法自行调控供暖量，外网也不能适应系统动态调节控制，致使能源浪费严重。在这种收费体制下，供热企业缺乏自主经营的动力，无法满足用户对热舒适程度的要求，用户也没有节约采暖用能的积极性。按照用热量收费的建筑采暖计量收费是城镇供热体制改革的目标，也是节约能源、改善室内热环境、提高居民生活舒适度、保护生态环境的有力举措。只有加快城镇供热体制改革步伐，全面实现供热计量收费，才能体现出节能的经济效益，激发广大居民建筑节能的积极性。

第六节　中国建筑节能潜力分析

中国建筑领域的节能潜力还存在很大的释放空间，建筑节能的工作力度亟待加强。

一、节能建筑需求空间广阔

20 世纪 90 年代以来，中国的国民经济保持迅猛发展，2004 年国内生产总值达到 136584 亿元，按可比价格计算，从 1990—2004 年，国内生产总值增长率始终在 7%以上，最高达 14.2%；建筑业也逐渐体现出高速发展的势头，2004 年全国建筑业总产值达到 27745.38 亿元，每年新建城镇住宅约 5 亿 m^2；随着人口的增长，城市化水平不断提高，至 2004 年底全国城市化率已达 41.76%，预计到 2010 年将超过 50%，2020 年将超过 60%；人民收入持续增长，2004 年城镇居民家庭人均可支配收入已达到 8742 元/年，比 1990 年增长了 5.8 倍(见表 5-13)。

中国经济发展统计数据(1990 年～2004 年)　　**表 5-13**

年份	国内生产总值(亿元)	国内生产总值指数(上年＝100)	建筑业总产值(亿元)	城镇新建住宅面积(亿 m^2)	城镇人口(万人)	城市化率(%)	城镇居民人均可支配收入(元)
1990	18547.9	103.8	1345.01	1.73	30195	26.41	1510.2
1991	21617.8	109.2	1564.33	1.92	31203	26.94	1700.6
1992	26638.1	114.2	2174.44	2.40	32175	27.46	2026.6
1993	34634.4	113.5	3253.53	3.08	33173	27.99	2577.4
1994	46759.4	112.6	4653.32	3.57	34169	28.51	3496.2
1995	58478.1	110.5	5793.75	3.75	35174	29.04	4283.0
1996	67884.6	109.6	8282.25	3.95	37304	30.48	4838.9
1997	74462.6	108.8	9126.48	4.06	39449	31.91	5160.3
1998	78345.2	107.8	10061.99	4.76	41608	33.35	5425.1
1999	82067.5	107.1	11152.86	5.59	43748	34.78	5854.0
2000	89468.1	108.0	12497.60	5.49	45906	36.22	6280.0
2001	97314.8	107.5	15361.56	5.75	48064	37.66	6859.6
2002	105172.3	108.3	18527.18	5.98	50212	39.09	7702.8
2003	117390.2	109.5	23083.87	5.50	52376	40.53	8472.2
2004	136875.9	109.5	27745.38	5.69	54283	41.76	9421.6

注：建筑业总产值中，1990—1992 年数据为全民和集体所有制建筑业企业数据；1993—1995 年为各种经济成份的建制镇以上建筑业企业数据；1996—2001 年数据为资质等级四级及四级以上建筑业企业数据；2002 年及以后数据为所有具有资质等级的施工总承包、专业承包建筑业企业(不含劳务分包建筑业企业)数据；2004 年数据为年快报数据。

(资料来源：国家统计局. 中国统计年鉴(1991—2005) [M]. 北京：中国统计出版社。)

在上述因素的综合作用下，未来城市住宅、交通工具、生活用品、城市基础设施和公共服务设施等方面的需求将持续增长，采暖设施、空调及家用电器的普及率将上升，能源的供求矛盾愈加突出，人们的节能意识将自觉增强；同时，随着人们生活水平的提高和生活条件的改善，人们对居住和生活环境舒适度方面的要求也越来越高，具备良好热环境、光环境、气环境、声环境和室内空气质量的"高舒适低能耗"住宅越来越为人们所关注，市场上对节能建筑的需求将明显增加。

二、建筑节能技术潜力巨大

建筑技术涉及建筑设计、建筑材料、用能设备以及可再生能源利用系统，中国提高节能标准在技术上和经济上已经具备可行性。提高建筑节能标准，缩小与发达国家之间的差距，将大大降低建筑能耗，释放出巨大的节能潜力，同时减少温室气体的排放。以建筑节能工作居国内领先水平的北京市为例，现今建成的节能住宅已占全国建成节能住宅数量的一半。截至2003年，全市累计建成节能住宅超过12000万m^2，其中符合节能50%的设计标准的住宅为6000万m^2，仅节能50%的这部分住宅每年就可以节约采暖耗能66万t标准煤，节约了大量能源和资金，同时大幅度地减少了粉尘、CO_2、SO_2和氮氧化物的排放，为冬季空气质量好转做出了不可忽视的贡献[100]。有专家指出，中国建筑物的围护结构、采暖空调、照明器具、家用电器等相关方面的节能技术均具备较大的潜力(见表5-14)。

中国建筑节能技术潜力　　表5-14

	节能技术	节能潜力
围护结构(包括门窗、外墙和屋面)	低导热系数框材，高性能密封、多层或中空玻璃，热反射和低发射率涂膜玻璃，保温隔热窗帘，复合隔热保温结构，加气混凝土、多孔砖、空心砌块，聚苯乙烯、聚苯颗粒胶粉、膨胀珍珠岩、岩棉、玻璃棉等	50%～80%
采暖设施	高效燃煤链条炉燃用洗选煤	23%
	锅炉房风机变频调速	35%
	单管系统加旁通管、双管系统和调控装置，热表到户，计量收费	30%
空调设施	改进隔热，加大热交换面积，提高供热系数，变频压缩机，高效风扇电机	30%

续表

	节 能 技 术	节能潜力
照明器具	紧凑型荧光灯代替白炽灯 细管荧光灯代替粗管荧光灯 电子镇流器代替电感镇流器 光电管控制	70% 10% 50% 10%
电热水器	热泵热水器代替电阻热水器	50%
洗衣机	节电节水工作程序，高效专用电机，变频调速，模糊控制	30%
地源热泵	采暖空调	30%
太阳能建筑	高性能保温隔热材料、蓄热材料和玻璃，光伏电池发电系统	85%

（资料来源：涂逢祥．建筑节能：怎么办［M］？北京：中国计划出版社（第二版），2002；俞珠峰等．中国工业锅炉提效减排的技术经济分析．中美清洁能源技术论坛论文集［M］．2001；中国标准化研究院．中国重点耗能产品节能潜力分析［M］．2003；科技部．中国后续能源发展战略研究报告［M］．2000；顾树华，刘鸿鹏．2000—2015年新能源和可再生能源产业发展规划［M］．北京：中国经济出版社，2001。）

三、建筑节能规划目标明确

目前建筑节能标准实施率低是抑制节能潜力发挥的主要障碍，只要国家加强建筑节能标准实施的监管力度，在国内所有地区强制推行建筑节能标准，将使得建筑节能工作取得突破性进展。中国建筑节能学会会长涂逢祥曾经指出，若国家从现在起下决心抓紧建筑节能工作，对新建建筑全面强制实施建筑节能设计标准，并对既有建筑有步骤地推行节能改造，那么到2020年，中国建筑能耗可减少3.35亿tce，空调高峰负荷可减少约8000万kWh（约相当于4.5个三峡电站的满负荷出力，可减少电力建设投资6000亿元），由此造成的能源紧张状况必将大为缓解[98]。也有专业人士分析得出，如果我国城市将既有建筑按照10年规划时间改造完毕，与此同时新建建筑全面执行建筑节能设计标准，则提高能效和减少污染的综合效益为：建筑节能大约为2880万tce，每年可减少排放CO_2 6126万t、悬浮颗粒10万t、SO_2 73万t[97]。可见，我国建筑节能潜力非常之大，它对于缓解我国能源短缺状况将起到举足轻重的作用。

按照国家建筑节能“十一五”及2020年中长期规划中确定的中国建筑

节能目标[101]：

➢ 到2010年，新建建筑普遍实施节能率为50%的《民用建筑节能设计标准》(采暖居住建筑部分)(JGJ 26—95)、《夏热冬冷地区居住建筑节能设计标准》(JGJ 134—2001)、《夏热冬暖地区居住建筑节能设计标准》(JGJ 75—2003)、《公共建筑节能设计标准》及《建筑照明节能标准》。国内各大中小城市及城镇实施上述标准全面到位。北京、天津等少数大城市率先实施节能率为65%的地方节能标准。

➢ 2010—2020年间，在全国范围内有步骤地实施节能率为65%的建筑节能标准，2015年后，部分城市率先实施节能率为75%的建筑节能标准。

若建筑节能目标完全实现，则到2010年，新建建筑可累计节能1.6亿tce，既有建筑可节能0.6亿tce，共计2.2亿tce；累计减排CO_2 5.9亿t，其中新建建筑4.2亿t，既有建筑1.7亿t。到2020年，新建建筑可累计节能15.1亿t，既有建筑可节能5.7亿t，共计节能20.8亿t；累计减排CO_2 55.4亿t，其中新建建筑40.2亿t，既有建筑15.2亿t。

第六章 建筑节能利益主体动态博弈分析

从经济学角度考虑，各方经济主体都要随情况变化采取不同应对措施，以保障自身获取最优利益，经济活动即是一个不断进行博弈选择的过程[102]。建筑节能活动涉及3个相关主体——政府、房地产开发商和有购房需求的消费者。三方主体行动的时间顺序为政府→开发商→消费者，其中政府和开发商之间传递的是对称信息，双方都完全了解对方在各种选择下获得的收益，即政府和开发商之间为完全信息动态博弈[103]；开发商和消费者之间传递的是非对称信息，开发商完全了解建筑产品所属类型，但消费者并不了解，只能通过开发商的广告宣传进行选择，即开发商和消费者之间为不完全信息动态博弈[104]。本书从政府和开发商、开发商和消费者两个层面展开博弈分析。为研究方便，假设市场上只有两种建筑产品：节能建筑和非节能建筑。

第一节 政府和开发商之间的完全信息动态博弈分析

一、博弈模型的构建

模型可如图6-1所示。

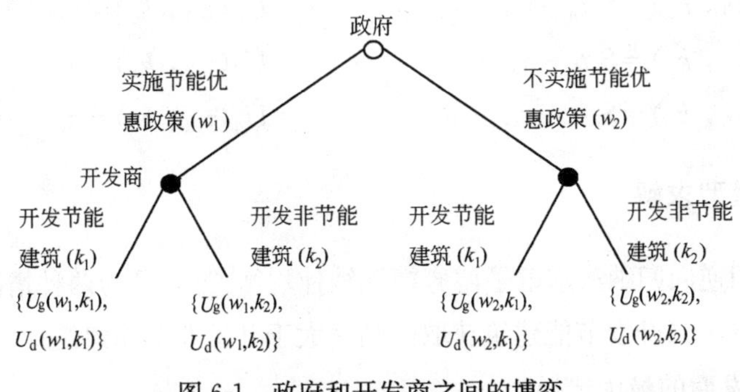

图6-1 政府和开发商之间的博弈

模型的战略式表述为：

(1) 参与人　分别为政府和房地产开发商。

(2) 参与人的行动顺序　政府先行动，房地产开发商观察到政府的决策之后再行动。

(3) 参与人的行动空间　政府选择是否实施建筑节能经济激励政策，即是否对节能建筑的开发行为给予补贴或税收优惠；房地产开发商选择是否开发节能建筑。

(4) 参与人的战略空间　政府只有一个信息集，两个可供选择的行动，其战略空间为：S_g={实施，不实施}；而房地产开发商有两个信息集，每个信息集上有两个可选择的行动，因而共有 4 个纯战略，其战略空间为：S_d={(节能，节能)，(节能，非节能)，(非节能，节能)，(非节能，非节能)}。

(5) 参与人的支付函数　假设 W 表示政府是否实施建筑节能经济激励政策，$W=\{w_1, w_2\}$={实施，不实施}；K 表示开发商开发何种建筑产品，$K=\{k_1, k_2\}$={节能，非节能}。设 S_q 表示建筑产品的销售收入，$q=(e, c)$，其中 e 表示节能建筑，c 表示非节能建筑，$S_e>S_c$；π_q 表示开发商销售建筑产品获取的税前利润；t_b 表示营业税税率；t_s 表示所得税税率；δ_q 表示建筑产品在生产和使用过程中造成的需由政府为之负担的外部损失成本(如环境污染)，$\delta_e<\delta_c$；ε 表示实施建筑节能经济激励政策时政府对开发节能建筑的开发商提供的优惠额；U_g 表示政府获得的收益，U_d 表示开发商获得的收益。则各种战略下参与人双方的支付函数分别为(只考虑营业税和所得税)：

$U_g(w_1, k_1)=S_e t_b+\pi_e t_s-\delta_e-\varepsilon$　　$U_d(w_1, k_1)=\pi_e(1-t_s)+\varepsilon$

$U_g(w_1, k_2)=S_c t_b+\pi_c t_s-\delta_c$　　$U_d(w_1, k_2)=\pi_c(1-t_s)$

$U_g(w_2, k_1)=S_e t_b+\pi_e t_s-\delta_e$　　$U_d(w_2, k_1)=\pi_e(1-t_s)$

$U_g(w_2, k_2)=S_c t_b+\pi_c t_s-\delta_c$　　$U_d(w_2, k_2)=\pi_c(1-t_s)$

二、模型求解

可运用逆向归纳法求解子博弈精炼纳什均衡[105]，分为两种情况。

(1) $\pi_e>\pi_c$(开发节能建筑获取的利润大于开发非节能建筑)

1) 开发商的最优选择

针对 w_1：$\max\{U_d\}=\max\{U_d(w_1, k_1), U_d(w_1, k_2)\}=\pi_e(1-t_s)+\varepsilon$ (6-1)

相对应的最优解 $k^*(w_1)=k_1$，开发商的最优选择是开发节能建筑。

针对 w_2：$\max\{U_d\}=\max\{U_d(w_2, k_1), U_d(w_2, k_2)\}=\pi_e(1-t_s)$ (6-2)

相对应的最优解 $k^*(w_2)=k_1$，开发商的最优选择是开发节能建筑。在第二阶段，无论政府是否实施建筑节能经济激励政策，开发商都会选择开发节能建筑。

2) 政府的最优选择

$$\max\{U_g\}=\max\{U_g(w_1, k_1), U_g(w_2, k_1)\}=S_e t_b+\pi_e t_s-\delta_e \quad (6\text{-}3)$$

相对应的最优解 $w^*=w_2$，所以第一阶段政府的最优选择是不实施节能经济激励政策。

由此得到的精炼均衡是｛不实施，(节能，节能)｝。

(2) $\pi_e<\pi_c$(开发节能建筑获取的利润小于开发非节能建筑)

1) $(\pi_c-\pi_e)(1-t_s)<\varepsilon<(S_e-S_c)t_b+(\pi_e-\pi_c)t_s-(\delta_e-\delta_c)$[1]

① 开发商的最优选择

针对 w_1：计算过程同式(4-1)，开发商的最优选择是开发节能建筑。

针对 w_2：$\max\{U_d\}=\max\{U_d(w_2, k_1), U_d(w_2, k_2)\}=\pi_c(1-t_s)$ (6-4)

相对应的最优解 $k^*(w_2)=k_2$，开发商的最优选择是开发非节能建筑。在第二阶段，当政府实施经济激励政策时，开发商选择开发节能建筑；当政府不实施经济激励政策时，开发商选择开发非节能建筑。

② 政府的最优选择

$$\max\{U_g\}=\max\{U_g(w_1, k_1), U_g(w_2, k_2)\}=S_e t_b+\pi_e t_s-\delta_e-\varepsilon \quad (6\text{-}5)$$

相对应的最优解 $w^*=w_1$，所以第一阶段政府的最优选择是实施经济激励政策。

由此得到的精炼均衡是｛实施，(节能，非节能)｝。

2) $\varepsilon>(S_e-S_c)t_b+(\pi_e-\pi_c)t_s-(\delta_e-\delta_c)$

① 开发商的最优选择

计算过程分别同式(6-1)和式(6-4)，在第二阶段，当政府实施经济激励政策时，开发商选择开发节能建筑；当政府不实施经济激励政策时，开发商

[1] 可证得 $(S_e-S_c)t_b+(\pi_e-\pi_c)t_s-(\delta_e-\delta_c)>(\pi_c-\pi_e)(1-t_s)$

选择开发非节能建筑。

② 政府的最优选择

$$\max\{U_g\}=\max\{U_g(w_1,\ k_1),\ U_g(w_2,\ k_2)\}=S_c t_b+\pi_c t_s-\delta_c \quad (6\text{-}6)$$

相对应的最优解 $w^*=w_2$，所以第一阶段政府的最优选择是不实施经济激励政策。

由此得到的精炼均衡是｛不实施，(节能，非节能)｝。

3) $\varepsilon<(\pi_c-\pi_e)(1-t_s)$

① 开发商的最优选择

针对 w_1：$\max\{U_d\}=\max\{U_d(w_1,\ k_1),\ U_d(w_1,\ k_2)\}=\pi_c(1-t_s)$ (6-7)

相对应的最优解 $k^*(w_1)=k_2$，开发商的最优选择是开发非节能建筑。

针对 w_2：计算过程同式 6-4，开发商的最优选择是开发非节能建筑。

在第二阶段，无论政府是否实施建筑节能经济激励政策，开发商均选择开发非节能建筑。

② 政府的最优选择

$$\max\{U_g\}=\max\{U_g(w_1,\ k_2),\ U_g(w_2,\ k_2)\}=S_c t_b+\pi_c t_s-\delta_c \quad (6\text{-}8)$$

相对应的最优解 $w^*=w_1=w_2$，第一阶段政府是否实施建筑节能经济激励政策对政府自身来说利益等同。

由此得到的精炼均衡是｛实施，(非节能，非节能)｝或者｛不实施，(非节能，非节能)｝。

三、结果分析

由以上计算结果可分析得出：

首先，在建筑节能初始阶段，政府需对市场进行干预和调控。初步实施节能战略时，建造节能建筑需研究和开发利用新材料、新技术，投资金额较大，且建设成本中包含了节约能源和保护环境等正外部性成本，价格相对较高，但消费者对产品价格的承受能力有限，开发商无法获得较高利润，对建造节能建筑缺乏积极主动性，因此需要政府通过经济政策予以扶持，向开发节能建筑的企业提供一定优惠。

但是，优惠金额需在一定幅度范围内。如果政府给予的优惠额低于企业的利润损失，则无法刺激开发商转向建造节能建筑，达不到推动建筑节能的目的；如果优惠额超出了政府的财政能力，则政府宁可自己负担建筑产品的负外部性成本，而不会去实施优惠政策。

其次，在建筑节能成熟阶段，政府需减少对市场的干预。随着技术的进步和成熟，节能建筑的成本逐渐降低，利润额将大大超过非节能建筑；而消费者也会逐渐增强节能和环保意识，节能建筑的市场需求日益扩大。在利润的驱使下，开发商必会主动选择开发节能建筑，而政府则应取消优惠政策，逐步退出建筑市场，转为由市场自发调节和配置资源。

第二节　开发商和消费者之间的不完全信息动态博弈分析

一、博弈模型的构建

开发商和消费者之间的博弈为信号传递博弈，模型如图 6-2 所示。

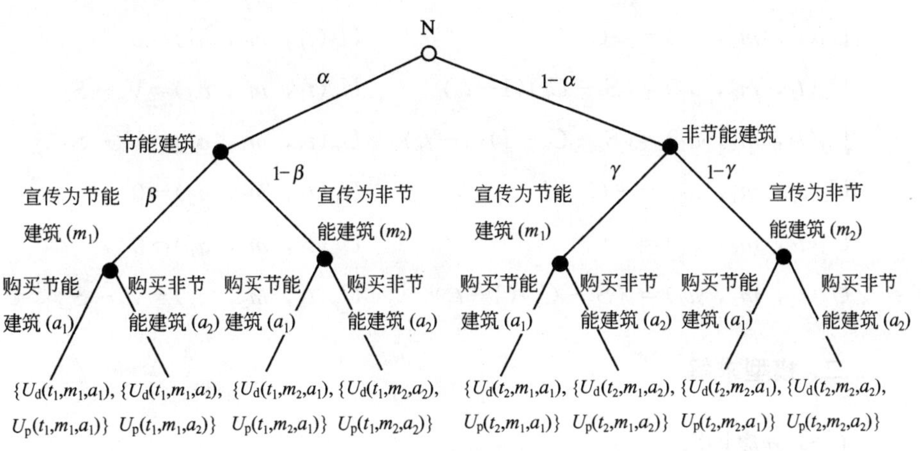

图 6-2　开发商和消费者之间的博弈

模型的战略式表述为：

(1) 参与人　市场中建筑产品的供求方。开发商为信号发送者，消费者为信号接收者。

(2) 参与人的行动顺序　自然首先选择建筑产品的类型，与之相对应的是开发商的行为：开发节能建筑和开发非节能建筑，类型集为 $T=\{t_1, t_2\}=$ {节能，非节能}。开发商清楚其中的概率分布：$P\{t_1\}=\alpha$，$P\{t_2\}=1-\alpha$。

(3) 参与人的行动空间 开发商选择对建筑产品如何进行广告宣传，即如何发送信号；消费者选择购买节能建筑还是购买非节能建筑。

(4) 参与人的战略空间 开发商观测到建筑产品所属类型后，从可行的信号集 $M=\{m_1, m_2\}$ 中选择发送信号，其中 m_1 表示开发商将建筑产品宣传为节能建筑，m_2 表示开发商将建筑产品宣传为非节能建筑；消费者观测到开发商的发送信号后，使用贝叶斯法则计算得出后验概率，然后从行动集 $A=\{a_1, a_2\}=\{$节能，非节能$\}$ 中选择一个行动。

(5) 参与人的支付函数 假设 V_q 表示购买建筑产品给消费者带来的效用，$q=(e, c)$，$V_e>V_c>S_e>S_c$；C_q 表示开发建筑产品的总成本，$C_e>C_c$；I 表示开发商将非节能建筑宣传为节能建筑额外花费的伪装成本；U_p 表示购房者获得的收益，则各种战略下参与人双方的支付函数为：

$U_d(t_1, m_1, a_1)=(S_e-C_e)(1-t_s)$ $U_p(t_1, m_1, a_1)=V_e-S_e$

$U_d(t_1, m_1, a_2)=-C_e$ $U_p(t_1, m_1, a_2)=0$

$U_d(t_1, m_2, a_1)=-C_e$ $U_p(t_1, m_2, a_1)=0$

$U_d(t_1, m_2, a_2)=(S_c-C_e)(1-t_s)$ $U_p(t_1, m_2, a_2)=V_e-S_c$

$U_d(t_2, m_1, a_1)=(S_e-C_c-I)(1-t_s)$ $U_p(t_2, m_1, a_1)=V_c-S_e$

$U_d(t_2, m_1, a_2)=-C_c-I$ $U_p(t_2, m_1, a_2)=0$

$U_d(t_2, m_2, a_1)=-C_c$ $U_p(t_2, m_2, a_1)=0$

$U_d(t_2, m_2, a_2)=(S_c-C_c)(1-t_s)$ $U_p(t_2, m_2, a_2)=V_c-S_c$

二、模型求解

(一) 分离均衡

假定开发商对不同类型的产品选择不同的信号发送，即节能建筑和非节能建筑在广告中分别按照实际情况对外宣传，消费者可通过观察到的信号准确地分辨出建筑产品是节能建筑还是非节能建筑。根据贝叶斯法则，消费者的后验概率分别为：

$$P(t_1|m_1)=1 \quad P(t_2|m_1)=0 \quad P(t_1|m_2)=0 \quad P(t_2|m_2)=1$$

① 消费者的最优选择

针对信号 m_1：$\max\{E(U_p)\}=\max\{P(t_1|m_1)\times U_p(t_1, m_1, a_1)+P(t_2|$

$m_1) \times U_p(t_2, m_1, a_1)$，$P(t_1|m_1) \times U_p(t_1, m_1, a_2) + P(t_2|m_1) \times U_p(t_2, m_1, a_2)\} = V_e - S_e$，相对应的解 $a^*(m_1) = a_1$，消费者的最优选择是购买节能建筑。

针对信号 m_2：$\max\{E(U_p)\} = \max\{P(t_1|m_2) \times U_p(t_1, m_2, a_1) + P(t_2|m_2) \times U_p(t_2, m_2, a_1)$，$P(t_1|m_2) \times U_p(t_1, m_2, a_2) + P(t_2|m_2) \times U_p(t_2, m_2, a_2)\} = V_c - S_c$，相对应的解 $a^*(m_2) = a_2$，消费者的最优选择是购买非节能建筑。

② 开发商的最优选择

当消费者策略确定的情况下，开发商将从自身效用最大化角度考虑选择与产品类型相对应的信号类型。

针对类型 t_1：$\max\{U_d\} = \max\{U_d(t_1, m_1, a_1), U_d(t_1, m_2, a_2)\} = (S_e - C_e)(1 - t_s)$，相对应的解 $m^*(t_1) = m_1$，对于节能建筑，开发商将对外宣传为节能建筑。

针对类型 t_2：$\max\{U_d\} = \max\{U_d(t_2, m_1, a_1), U_d(t_2, m_2, a_2)\}$

若 $I < S_e - S_c$，$\max\{U_d\} = (S_e - C_c - I)(1 - t_s)$，相对应的解 $m^*(t_2) = m_1$，与分离均衡的假定相背离，因此该种状态下分离均衡不存在。

若 $I > S_e - S_c$，$\max\{U_d\} = (S_c - C_c)(1 - t_s)$，相对应的解 $m^*(t_2) = m_2$，符合分离均衡的假定，因此分离均衡的最优解为(t_1, m_1, a_1)和(t_2, m_2, a_2)。

（二）混同均衡

假定开发商对不同类型产品选择相同的发送信号，即节能建筑和非节能建筑在广告中被宣传为同一种类型，消费者无法根据观察到的信号准确地分辨节能建筑和非节能建筑。消费者的后验概率等于其先验概率[106]，分别为：

$$P(t_1|m_1) = P(t_1|m_2) = \alpha \quad P(t_2|m_1) = P(t_2|m_2) = 1 - \alpha$$

① 消费者的最优选择

针对信号 m_1：$\max\{E(U_p)\} = \max\{P(t_1|m_1) \times U_p(t_1, m_1, a_1) + P(t_2|m_1) \times U_p(t_2, m_1, a_1)$，$P(t_1|m_1) \times U_p(t_1, m_1, a_2) + P(t_2|m_1) \times U_p(t_2, m_1, a_2))\}$

若 $\alpha V_e + (1 - \alpha) V_c > S_e$，$\max\{E(U_p)\} = \alpha(V_e - S_e) + (1 - \alpha)(V_c - S_e)$，相对应的解 $a^*(m_1) = a_1$，消费者的最优选择是购买节能建筑。

若 $\alpha V_e + (1 - \alpha) V_c < S_e$，$\max\{E(U_p)\} = 0$，相对应的解 $a^*(m_1) = a_2$，消

费者的最优选择是购买非节能建筑。

针对信号 m_2：$\max\{E(U_p)\}=\max\{P(t_1|m_2)\times U_p(t_1, m_2, a_1)+P(t_2|m_2)\times U_p(t_2, m_2, a_1), P(t_1|m_2)\times U_p(t_1, m_2, a_2)+P(t_2|m_2)\times U_p(t_2, m_2, a_2)\}=\alpha(V_e-S_c)+(1-\alpha)(V_c-S_c)$，相对应的解 $a^*(m_2)=a_2$，消费者的最优选择是购买非节能建筑。

② 开发商的最优选择

针对类型 t_1：若 $\alpha V_e+(1-\alpha)V_c>S_e$，$\max\{U_d\}=\max\{U_d(t_1, m_1, a_1), U_d(t_1, m_2, a_2)\}=(S_e-C_e)(1-t_s)$，相对应的解 $m^*(t_1)=m_1$，开发商将节能建筑对外仍宣传为节能建筑。

若 $\alpha V_e+(1-\alpha)V_c<S_e$，$\max\{U_d\}=\max\{U_d(t_1, m_1, a_2), U_d(t_1, m_2, a_2)\}=(S_c-C_e)(1-t_s)$，相对应的解 $m^*(t_1)=m_2$，开发商将节能建筑对外宣传为非节能建筑。

针对类型 t_2：若 $\alpha V_e+(1-\alpha)V_c>S_e$，$\max\{U_d\}=\max\{U_d(t_2, m_1, a_1), U_d(t_2, m_2, a_2)\}$

此时如果 $I<S_e-S_c$，$\max\{U_d\}=(S_e-C_c-I)(1-t_s)$，相对应的解 $m^*(t_2)=m_1$，开发商将非节能建筑对外宣传为节能建筑；如果 $I>S_e-S_c$，$\max\{U_d\}=(S_c-C_c)(1-t_s)$，相对应的解 $m^*(t_2)=m_2$，结合类型 t_1 的最优解，可知结果与混同均衡的假定相背离，该种状态下混同均衡不存在。

若 $\alpha V_e+(1-\alpha)V_c<S_e$，$\max\{U_d\}=\max\{U_d(t_2, m_1, a_2), U_d(t_2, m_2, a_2)\}=(S_c-C_c)(1-t_s)$，相对应的解 $m^*(t_2)=m_2$，开发商将非节能建筑对外仍宣传为非节能建筑。

因此混同均衡的最优解为两组：$\{t_1, m_1, a_1\}$ 和 $\{t_2, m_1, a_1\}$；$\{t_1, m_2, a_2\}$ 和 $\{t_2, m_2, a_2\}$。

三、结果分析

通过以上分析，可得出如下结论：

首先，伪装成本的大小决定开发商的宣传策略。若伪装成本大于两种建筑产品之间的销售差额，开发商将按照实际情况分别进行广告宣传，消费者可以依据个人偏好自主选择不同类型的建筑产品，竞争公平合理，市场秩序良好。若伪装成本小于两种建筑产品之间的销售差额，开发商会将非节能建筑宣传为节能建筑，以提高销售价格，消费者受到迷惑，不公平竞争和欺诈行为存在，市场秩序混乱。

其次，消费者的支付能力影响节能建筑的销售价格。节能建筑可以给消费者带来更大的价值和效用，是消费者的最佳选择。但是，如果销售价格过高，超出了消费者支付意愿的最大金额(即期望效用)，则消费者宁可购买价值略低但能够负担的非节能建筑而不会购买节能建筑；对于开发商而言，若价格较高的节能建筑销售不利，为避免产生巨大损失，则可能会将节能建筑按非节能建筑对外销售，从而出现市场上节能建筑和非节能建筑以相同价格对外销售的局面，这样的结果必将大大挫伤节能建筑开发商的积极性，导致下一轮开发周期内节能建筑开发的比例下降。

随着人民收入水平的提高和生活质量的改进，节能建筑将成为未来房地产业开发的必然趋势。目前，我国建筑节能尚处于初级阶段，市场发育不成熟，开发商缺乏积极性，亟须政府采取宏观调控手段进行干预。而政府除应对节能建筑开发行为提供经济激励措施之外，还需落实对开发商的监管机制，严格控制建筑产品的性能评定，避免滥竽充数者扰乱市场秩序。

第七章　建筑节能经济激励政策研究

第一节　建筑节能与能源经济政策互动机理研究

建筑节能的根本目标是提高建筑物中能源利用效率，减少因建筑能耗带来的温室气体排放，从而缓解全球气候变暖的趋势，为人类创造良好的生态环境和可持续发展的空间。要实现这一目标，就需要有计划、按次序地实施建筑节能战略。能源经济政策是在市场经济条件下，政府实施宏观调控、间接干预市场经济的有效手段，同时也是建筑节能工作得以顺利进行的有力保障。能源经济政策应随着建筑节能工作的进展情况，不断地加以变换，在协助建筑节能阶段性目标实现的同时，最大限度地减少对市场的干预。因此，在建筑节能工作执行的不同阶段，建筑节能与能源经济政策之间存在不同的相互关系。

一、建筑节能初始阶段：能源经济政策起强大的推动作用

互动关系描述　在建筑节能刚刚开始的阶段，由于多种行动参与人节能意识薄弱，尚未看到实施节能战略对自己及整个社会带来的利益和好处，缺乏建筑节能的积极性；同时，建筑节能科学技术尚不完备，节能技术和节能材料仍处于研制开发和探索阶段，建筑节能市场尚未建立，市场机制无法充分发挥资源配置作用。此时，需要政府运用政策手段推动开展建筑节能工作，建筑节能市场也将在能源经济政策的作用下逐步建立和完善。因此，在建筑节能初始阶段，二者之间主要表现为能源经济政策对建筑节能的单向推动关系。

经济学解释　假设房地产交易市场上只有两种产品：节能建筑和非节能建筑。在建筑节能初始阶段，市场上非节能建筑占绝大多数，而节能建筑处

于只有较少供给量的时期。此时非节能建筑市场发展比较成熟，市场机制正常运行，而节能建筑市场尚未建立和完善。由于非节能建筑在建设过程中没有考虑降低建筑能耗和有效利用能源，因此，以后的日常使用将会给社会带来严重的外部不经济(例如环境污染和温室气体排放)。当非节能建筑具备外部不经济特征时，表明私人边际成本低于社会边际成本，社会需为此增加环境治理的费用。

如图 7-1 所示，图(a)中：D_c 为非节能建筑的市场需求曲线，PMC 为生产非节能建筑的私人边际成本曲线，SMC 为社会边际成本曲线，$SMC > PMC$，P_0 和 Q_0 分别为当时市场均衡的价格和数量。建筑产品的提供者为房地产开发商，由于开发商的私人边际成本曲线表示在不同产出水平上开发商每增加一单位建筑产品产量所增加的生产成本，竞争性开发商所选择的产量应是私人边际成本与市场价格相等时对应的产品产量。在边际成本曲线上可以找到开发商在每一价格下愿意供给的数量：即边际成本等于该价格的产出数量。因此，私人边际成本曲线就是开发商的供给曲线。消除非节能建筑产生的外部不经济，应提高开发商的私人边际成本曲线，使其向社会边际成本曲线靠拢[81]，即由 PMC 向 SMC 方向移动。假设初始阶段的建筑节能目标是从 $PMC \rightarrow PMC_1$，采取能源经济政策对开发商每减少一个单位产量的非节能建筑给予一定的补偿，假设补偿额为 ε。若开发商仍继续开发 Q_{c0} 的非节能建筑，则此时的生产成本将为有效成本加放弃的补贴 ε，这对于任何一个追求利润最大化的开发商来说，都不是最优选择，因此开发商将在利益的驱使下，减少非节能建筑的生产。

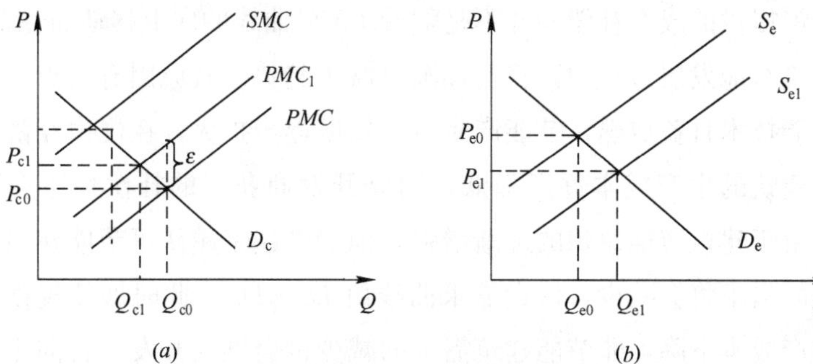

图 7-1 建筑节能与能源经济政策互动关系的经济学解释(建筑节能初始阶段)

(a)非节能建筑市场；(b)节能建筑市场

相对而言，图(*b*)中：若房地产交易市场中总的需求数量保持不变，由于节能建筑和非节能建筑是替代产品，当非节能建筑供给数量减少时，节能建筑供给数量自然增加。供给曲线由 $S_e \to S_{e1}$，价格则由 $P_{e0} \to P_{e1}$，由于消费者此时尚不具备较强的节能意识，产品销售价格作为是否购买的主要判断依据，因此，随着节能建筑供给数量的增加和销售价格的下降，将促使消费者购买更多的节能建筑。

二、建筑节能发展阶段：二者相辅相成、相互促进

互动关系描述　该阶段为建筑节能技术、节能材料和节能产品从研制开发到成熟应用的过渡阶段，同时也是从不具备节能意识到节能意识较强的过渡阶段。随着节能工作力度的加强和节能宣传范围的扩大，开发商和消费者的节能意识逐渐增强，建筑节能工作进入由强制执行向自觉遵守逐渐转变的过程。此时，建筑节能工作开展了一段时期，初始阶段推行的能源经济政策得到一定的效果反馈，能源经济政策制定的合适与否将能够有所判别。因此，二者间的互动关系表现为相辅相成、相互促进，即能源经济政策推动建筑节能工作走向更高的节能目标；而建筑节能工作对能源经济政策的反馈，将有助于决策制定者对政策随时进行调整和修订，以使其更加适应建筑节能工作中面临的实际情况。

经济学解释　建筑节能发展阶段，也就是私人边际成本逐渐向社会边际成本靠近的过程。

如图 7-2 所示，图(*a*)中：在 *PMC* 曲线向 *SMC* 曲线靠近的过程中，能源经济政策提供的成本补偿额并不是随着 *PMC* 曲线的向上移动而逐渐增加，在整个建筑节能发展过程中，将会逐渐呈减少趋势。其原因有两点：一是由于建筑节能技术日益成熟，节能产品生产规模逐步扩大，在规模经济的作用下，节能建筑的生产成本逐渐降低，因此开发商获得的补偿额也会随之减少；二是由于建筑节能意识的逐渐增强，消费者越来越认可节能建筑，对非节能建筑的需求将会减少，假设需求曲线由 $D_c \to D_{c1}$，此时即使规模效应尚未导致生产成本下降，非节能建筑需求的减少也会推动开发商转向生产节能建筑。因此，在这两方面原因的综合作用下，能源经济政策的补偿额将根据建筑节能工作进展的实际情况（即 *PMC* 曲线移动到何种位置）反复地进行

修改。

相对而言，图(*b*)中：由于消费者认识到建筑节能对保护生态环境的重要性，以及节能建筑给自身带来的经济、社会和生态效益，对节能建筑的总需求也会发生变化，推动需求曲线将向右上方移动，假设由 $D_e \to D_{e1}$，此时在供给数量增加和需求欲望增强的共同作用下，节能建筑的销售越来越旺盛，将更加激发开发商开发节能建筑的积极性。

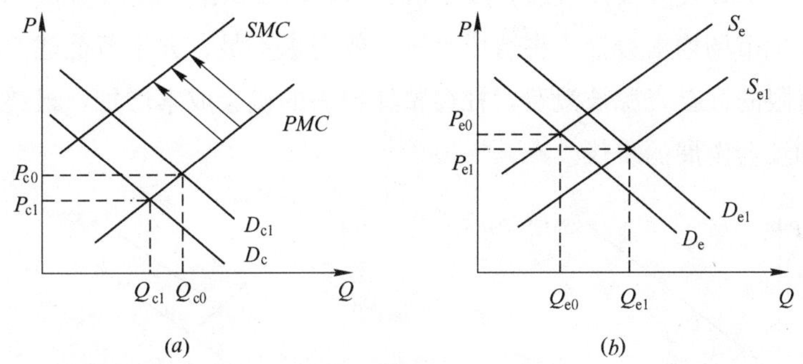

图 7-2 建筑节能与能源经济政策互动关系的经济学解释(建筑节能发展阶段)
(*a*)非节能建筑市场；(*b*)节能建筑市场

三、建筑节能成熟阶段：能源经济政策将阻碍建筑节能的发展

互动关系描述 在该阶段，节能技术和节能产品得到广泛应用，人们普遍具备较强的节能意识，开发和购买节能建筑已经成为人们的一项自觉行为。建筑节能市场发展健全，供求机制、价格机制和竞争机制等市场机制运行完善，市场能够充分发挥资源配置最优化的基础性作用。若政府仍采取政策手段对市场进行干预，将会成为建筑节能工作的桎梏，阻碍节能任务的完成。因此，在建筑节能成熟阶段，继续执行能源经济政策会对建筑节能的发展起到相反的作用，应逐渐退出市场，转为由政府部门发挥监督管理的职能辅助建筑节能工作的进一步开展。

经济学解释 建筑节能成熟阶段，也就是私人边际成本略小于或等于社会边际成本的时期(若只考虑能源而不考虑其他外部性因素)。

如图 7-3 所示，图(*a*)中：*PMC* 曲线已经移动到与 *SMC* 相等的位置，需求曲线移至 D_c^*，*SMC* 曲线在与 D_c^* 曲线相交之处得到非节能建筑市场均衡点的价格和数量，即 P_c^* 和 Q_c^*。此时的负外部性效应已经消除或减少到可接受的范围内，非节能建筑市场将逐渐萎缩甚至消失，若政府继续通过能源经济政策施加影响，将加大政府不必要的财政负担。

相对而言，图(*b*)中：节能建筑市场已发展成熟和完善，此时，节能建筑的总需求达到饱和状态，供给曲线和需求曲线分别移至 S_e^* 和 D_e^*，在供求均衡点处可得到最优销售价格和数量，即 P_e^* 和 Q_e^*。若政府继续实施能源经济政策，促使开发商过度开发节能建筑，假设供给曲线由 $S_e^* \rightarrow S_e'$，供给数量大于市场均衡数量，将造成市场有效需求不足、大量节能建筑滞销的局面，有限的社会资源被浪费，社会整体损失的机会成本增加，最终阻碍经济增长和社会发展的步伐。

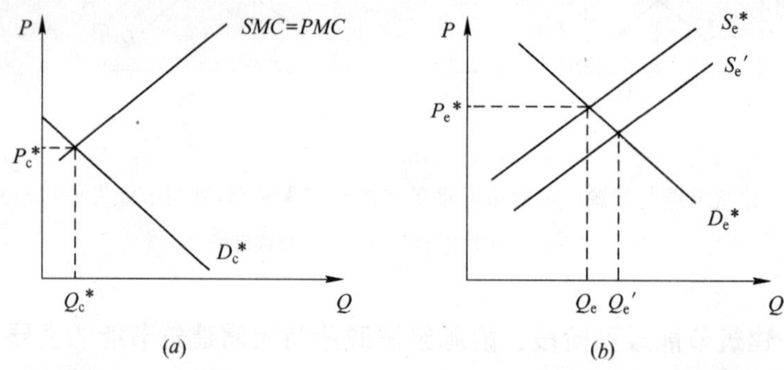

图 7-3 建筑节能与能源经济政策互动关系的经济学解释(建筑节能成熟阶段)
(*a*)非节能建筑市场；(*b*)节能建筑市场

第二节 建筑节能经济激励政策体系

一、经济激励政策的基本形式

理想中的市场经济是所有物品和劳务都能按照市场均衡价格自愿地以货币形式进行交换，而无需政府进行干预。然而，在现实世界中，这种理想化的状态很难实现，由于市场失灵领域的存在，使得政府干预市场是必然的，同时也是必要的。对于市场经济，政府将主要行使四项职能：提高经济效率、减少不公平、促进宏观经济的稳定与增长以及执行国际经济政策[107]。

首先，政府通过促进竞争、控制诸如环境污染之类的外部性问题、提供公共物品等活动来提高经济效率；其次，政府通过财政支出和税收等手段，向某些群体实行倾斜性的收入再分配，从而增进社会公平；再次，政府通过财政政策和货币政策的组合以促进宏观经济的稳定和增长，在鼓励经济增长的同时减少失业和降低通货膨胀；最后，在经济全球化的趋势下，世界各国都意识到开放经济环境对自身经济的影响，从而在减少贸易壁垒、保护全球环境、协调宏观经济政策等方面达成共识，开展多项交流与合作。

在间接干预市场经济过程中，政府采取的经济激励政策通常有财政政策和货币政策两种形式。通过这两种基本的经济政策，政府能够影响收入和支出水平、产出和增长率、就业率与失业率以及物价水平等。

(一) 财政政策

财政是政府集中一部分国民生产总值或国民收入来满足社会公共需要所从事的收支活动，主要特征是通过收支活动调节市场失灵领域，达到社会供求平衡。在中国社会主义市场经济发展的初级阶段，财政具有资源配置、收入分配、经济稳定和发展的职能[108, 109]。

资源配置职能　即政府运用有限的资源为社会提供特定的物品与服务，形成一定的资产结构、产业结构、技术结构和地区结构，以达到资源优化的目的。资源配置职能是政府介入或干预市场的根本职能，其目标是由政府通过自身的收支活动引导资源的流向，弥补市场资源配置方面的缺陷，最终实现全社会资源配置的最优状态。

收入分配职能　即政府对市场活动产生的收入分配进行调整和再分配，通过收入转移增加或减少某些人的收入。其目标是要实现收入的公平分配，使国内各收入阶层之间的个人收入维持在一个合理的差距范围内，尽量消除收入分配的不公平。

经济稳定职能　即政府在大量失业和经济萧条时期实行赤字财政，在充分就业和通货膨胀压力较大时期实行盈余财政，以熨平经济波动。其目标是确保整个社会中经济的稳定，实现充分就业、物价稳定和国际收支平衡。

发展职能　即政府以经济增长为核心，以结构调整为重点，通过增加产出的数量和提高产出的质量，满足人们不断增长的各种需要。其目标是实现社会、经济和生态协调统一的可持续发展。

财政政策是一国政府为实现一定的宏观经济目标而调整财政收支规模和收支平衡的指导原则及采取的相应措施。财政政策作为政府的经济管理手段，具有四个方面的功能[110]：第一，导向功能，即对个人和企业的经济行为以及国民经济的发展方向起引导作用；第二，协调功能，即对社会经济发展过程中某些失衡状态起调节作用，协调地区之间、行业之间、部门之间和阶段之间的利益关系；第三，控制功能，即对人们的微观经济行为和宏观经济运行进行制约或促进，以实现对整个社会发展的控制；第四，稳定功能，即调整总的支出水平，使货币支出水平恒等于产出水平，实现国民经济的稳定。财政政策工具主要有税收、公共支出和公债。

1. 税收

正如马克思所说，"赋税是政府机器的经济基础，而非其他任何东西"[111]，"国家存在的经济体现就是捐税"[112]。税收即国家为了实现其职能，凭借政治权力，以法律为依据，参与社会产品或国民收入的分配和再分配，无偿取得的财政收入。具有三个特性：强制性、无偿性和固定性。强制性指政府凭借政治权力依法征税，任何单位和个人都不得违抗；无偿性指政府征税之后，税款即为国家所有，归国家自主支配和使用，既不需要偿还，也不需要对纳税人付出任何代价；固定性指政府在征税前就以法律的形式规定了征税对象以及统一的比例或数额，并只按规定标准进行征收。税收既是政府从事各项经济和社会活动的物质基础，同时也是政府调节收入分配公平的工具。

税收的作用主要体现在：首先，它是国家组织财政收入的基本手段。政府在为社会提供满足公共需要的各项服务之前，必须拥有一定的收入作为物质基础，税收即是政府取得财政收入的主要来源。其次，它是国家调节经济运行的重要措施。国家对不同的征税对象规定了不同的税种、税目、税率及征税办法，必然会改变各个经济部门、单位和个人之间的收入分配，因此，可以通过税负的转嫁和最终归宿，调节不同主体的经济利益，直接或间接地控制经济活动的实现，进而影响整个经济的运转。例如，对商品和劳务的市场运营行为课税，将通过调节产品价格，影响商品的生产销售以及劳务的提供，进而引导生产和消费方向；对所得和财产课税，将通过调节收入分配，影响企业的利润水平以及个人对工作和闲暇时间的选择，进而影响到市场的经济活动；对自然资源课税，将通过调节资源结构，影响人们的资源消费观念，引导人们正确利用有限的自然资源；对环境污染课税，将通过调节污染成本，影响人们的生产和生活方式，提高减少污染、保护生态环境的意识。各个税种从不同的角度出发，做出不同的规定，由政府根据实际情况的变化随时进行调整和改革，最终目的都是为了推动经济和社会的持续发展。

2. 公共支出

公共支出即政府为执行其职能所发生的各项财政支出。从不同的角度对公共支出有不同的分类，从而形成不同的支出结构，而不同的支出结构会对经济运行产生不同的影响。中国目前常用的有三种分类方式[110]：按支出用途分类，可分为基本建设支出、增拨企业流动资金、企业挖潜改造资金、科技三项费用、地质勘探费、工业交通商业等部门事业费、支援农村生产支出、农林水利气象等部门事业费、文教科学卫生事业费、抚恤和社会福利救济费、国防费、行政管理费和价格补贴等；按费用类别分类，可分为经济建设费、社会文教费、国防费、行政管理费和其他支出五大类，其中前一项归属于政府的经济管理职能，后四项归属于政府的社会管理职能；按经济性质分类，可划分为购买性支出和转移性支出。购买性支出和转移性支出是以公共支出是否与商品和服务相交换为划分标准，具有较强的经济含义，因此是进行经济分析时常用的分类方式。

购买性支出是指政府从企业或个人处购买商品和服务并由政府直接使用的支出。在该类支出中，政府同其他经济主体一样，从事等价交换活动，即一方面付出了资金，另一方面获得了相应的商品和服务，并运用这些商品和服务来实现政府的职能。政府的基本建设投资、更新改造投资和农业投资等投资性支出，以及文教科学卫生事业费、行政管理费、国防费和工业交通商业农业部门事业费等消费性支出都属于购买性支出的范畴。购买性支出是政府提供满足社会共同需要的服务，促进社会再生产的正常运行所必需的，它所体现的是政府的市场性再分配活动。转移性支出则是指政府在公民之间再分配购买力的支出。在该类支出中，政府对外无偿地、单方面地转移资金，即财政付出了资金，却没有收到任何回报。政府的社会保障支出、财政补贴支出、捐赠支出和债务利息支出等属于转移性支出的范畴。转移性支出是政府增进公平，维护经济和社会稳定所必需的，它所体现的是政府的非市场性再分配活动。由此可以看出，在政府的公共支出总额中，购买性支出所占比重较大时，财政活动对生产和就业的直接影响就较大，表现为财政的资源配置职能较强；转移性支出所占比重较大时，财政活动对收入分配的直接影响就较大，表现为财政的收入分配职能较强。

3. 公债

公债即国家或地方政府以债务人身份，采取有偿方式，向国内外取得收入所形成的债务。作为一种财政信用形式，公债最初是用来弥补财政赤字的，但目前已经发展成为调节货币供求、协调财政与金融关系的重要政策手段。公债对经济的调节作用主要体现在三种效应上：第一，"挤出效应"，即公债的发行使民间投资或消费资金减少，从而对民间投资或消费起到调节作用；第二，"货币效应"，即公债发行引起货币供求的变动，它一方面可能会使部分"潜在货币"转化为实际货币，另一方面可能会使存放于民间的货币转放到政府部门或中央银行；第三，"收入效应"，即公债是一种债务，公债持有人在公债到期时，不仅可以收回本金，还可以取得相对较高的利息回报，而政府偿还的本金和利息主要来源于纳税人上缴的税收，因此，在一般纳税人与公债持有人之间就产生了收入的转移。公债通过市场操作，首先可以淡化财政赤字的通货膨胀后果，其次可以增强中央银行灵活调节货币供应的能力，是有效协调财政和货币两大政策体系的重要载体。

（二）货币政策

货币即各种交换手段或支付方式。货币政策是一国政府为实现一定的宏观经济目标所制定的关于调整货币供给量的基本方针及其相应的措施，它通过政府对国家的货币、信贷及银行体制的管理来实施。货币政策的核心在于由中央银行控制一般商业银行的信贷活动，进而控制货币供给量，通过改变货币供给量来影响社会总需求与总供给，达到调节市场经济的目的。因而，货币政策的目标与宏观经济政策的目标是一致的，即经济增长、物价稳定、就业充分和国际收支平衡，而为达到这些目标，通常采用的货币政策工具包括[113, 114]：

1. 一般性货币政策工具

即中央银行调控经济的常规手段，主要是对社会货币供应量、信用量进行调控，包括存款准备金制度、再贴现政策和公开市场业务。

(1) 存款准备金制度

商业银行在自身正常的信贷业务中，需要维持一定比例的存款准备金，用来满足储户的取款需求及提高金融风险的防范能力。各国中央银行都规定商业银行除保证自身日常运营提取一定比例的存款准备金外，必须向中央银行上存一定比例的存款准备金。中央银行规定每个商业银行将存款中的一部分上缴作为准备金的最低数额称为法定存款准备金。法定存款准备金是中央银行影响货币供给量的强有力的工具，中央银行可以通过调整法定存款准备金的比率来调节流通中的货币数量，改变商业银行的信贷量和存款量，达到金融控制和调节货币供给量的目的。调节过程通常为：发生通货膨胀时，中央银行提高法定存款准备金率，迫使商业银行和其他金融机构为了缴足增加的准备金而不得不紧缩信贷，进而减少货币供给量；发生经济萧条时，中央银行降低法定存款准备金率，使得商业银行和其他金融机构扩大信贷规模，进而增加货币供给量。由于法定存款准备金的改变所产生的影响巨大，大多数国家并不将其作为日常调节工具，只有在认为经济形势发生剧烈变化时，中央银行才会使用这一威力强大的工具。

(2) 再贴现政策

商业银行在资金不足时，将未到期的商业票据卖给中央银行从而取得资金，被称为再贴现，中央银行确定的利息率称为再贴现率(但西方国家则分别称之为贴现和贴现率)。再贴现政策指中央银行通过改变再贴现率，影响商业银行从中央银行获得再贴现贷款的能力，进而达到调节货币供给量和利率水平的目的。调节过程通常为：发生通货膨胀时，中央银行提高再贴现率，减少商业银行从中央银行的借款以及提高商业银行对外的贷款利率，造成商业银行信贷规模紧缩，进而减少货币供给量，减少投资，抑制经济增长；发生经济萧条时，中央银行降低再贴现率，增加商业银行从中央银行的贴现数额，造成商业银行信贷规模扩大，进而增加货币供给量，扩大投资，刺激经济增长。但是，再贴现政策有可能导致市场利率发生较大变动，导致再贴现贷款和货币供给偏离了预计的政策方向，因此，在使用时需要非常慎重，不能随意变更。

(3) 公开市场业务

指中央银行在公开市场上购买或出售政府债券，进而扩大或缩小基础货币，增加或降低货币供给，并进一步增加或降低短期利率的行为。公开市场业务是最重要的货币政策工具，它易于操作，灵活方便，可根据市场情况随时进行调整，具有较强的伸缩性，为中央银行经常使用。调节过程通常为：发生通货膨胀时，中央银行将在市场上出售政府债券，由于其信用度高、违约风险低，将吸引人们大量购买，促使利率提高，进而减少货币供给量，抑制经济过快增长；发生经济萧条时，中央银行将在市场上购买政府债券，促使利率降低，进而增加货币供给量，刺激经济增长。

2. 选择性货币政策工具

即中央银行针对某些特殊的经济领域或特殊用途的信贷而采取的信用调节工具，包括证券市场信用控制、消费信用控制和优惠利率等。

(1) 证券市场信用控制

即中央银行对以信用方式购买股票和证券所实施的一种管理措施。中央银行通过调整保证金比率，以控制商业银行对证券市场的最高放款额，促进信贷资金的合理运用。

(2) 消费信用控制

即中央银行对不动产及其他各种耐用消费品的销售融资进行控制，如规定贷款最高限额、最长期限、首次付现最低金额等，以抑制耐用消费品的价格上涨，预防市场(尤其是房地产市场)的投机行为。

(3) 优惠利率

即中央银行对国家政策重点扶持和发展的行业、部门或产品，规定较低的贷款利率，以鼓励其发展。

3. 其他货币政策工具

其他补充性政策工具主要包括中央银行的直接信用控制和间接信用指导。

(1) 直接信用控制

即中央银行以行政命令或其他方式对商业银行的信用活动进行直接控制。采取的方式主要有利率控制、信用配额管理、流动性比率及直接干预等。

(2) 间接信用指导

即中央银行对商业银行的信用变动方向进行间接指导。采取的方式主要有道义劝说和窗口指导等。

二、建筑节能经济激励政策体系的建立

针对中国目前建筑节能的现状及建筑节能工作的特点，本书认为，在可供选择的经济政策中，财政补贴政策和税收优惠政策是最能够有效推动建筑节能战略实施的经济激励政策。其原因在于：首先，微观经济领域内的政府调控措施，财政政策优于货币政策。在推动建筑节能战略实施过程中，政府干预市场主要涉及的是企业和个人等微观主体。财政政策既可以引导微观经济领域中市场主体的经济行为，优化产品的供求结构；又可以调节和控制宏观经济波动，维护国民经济的稳定增长。而货币政策主要侧重于对失业和通货膨胀等宏观经济领域发挥调控作用，虽然也存在一些干预微观经济领域的政策工具，但作用效果远远差于财政政策。其次，对于政策的灵活性和易调整性，财政政策优于货币政策。由于中国的建筑节能尚处于初级阶段，何种经济激励政策最为有效和适用，必须经得起实践的检验。因此，在政策确定之前，应率先在试点示范项目中应用，认为具备合理性和可行性后才能在全国范围内广泛实施，这就需要政策具有较强的灵活性，能够结合实际情况随时进行修改和调整。财政政策可由地方政府临时规定，具有较强的针对性，直接影响产品的生产和消费，若进行修改受影响的范围小；而货币政策由中央银行规定，必须在经过全局性考虑之后才能暂时实施，通过影响货币供给量再间接影响产品的生产和消费，若进行修改受影响的范围大。此外，在财政政策的几种政策工具中，补贴政策和税收政策是各国政府最常用且效果显著的政策工具，因此，应建立以财政补贴和税收优惠政策为主，其他经济政策为辅的建筑节能经济激励政策体系。

（一）财政补贴政策

财政补贴即政府为实现某种特定的发展目标，向企业或个人提供的无偿援助。该项转移性支出由于对人们的实际购买能力产生影响，可通过改变产品的相对价格结构，从而改变资源配置结构、供给结构和需求结构。财政补贴有狭义和广义之分，狭义的财政补贴仅指政府直接对企业或个人提供的资金援助；广义的财政补贴除包括政府直接给予的资金援助外，还包括政府各种间接的无偿援助形式，如财政贴息、税前还贷和税收支出等。本书主要从

狭义角度来考虑财政补贴政策，而将税收支出列入税收优惠政策中。

按照政府介入市场的角度不同，财政补贴可分为供给方补贴和需求方补贴。供给方补贴即政府对产品的生产环节进行干预，对供给方提供资金补贴以刺激产品生产，扩大生产规模和增加产出数量；需求方补贴即政府对产品的消费环节进行干预，对需求方提供资金补贴以刺激产品消费，提高购买能力和增加需求欲望。

财政补贴政策的经济学分析　如图 7-4 所示，S 为供给曲线，D 为需求曲线，初始均衡点 E_0 处的产品数量为 Q_0，销售价格为 P_0。图(a)中，政府对产品的供给方提供补贴，生产成本相对降低，将推动供给曲线向右移动，假设移动至 S'，达到新的均衡点 E_1，此时相对应的产品数量增至 Q_1，销售价格下降至 P_1；图(b)中，政府对产品的需求方提供补贴，收入水平相对提高，将推动需求曲线向右移动，假设移动至 D'，达到新的均衡点 E_2，此时相对应的产品数量增至 Q_2，销售价格上升至 P_2。由此可见，政府无论对市场的哪一方主体提供补贴，都可促进产品销售数量的增加，达到政策激励的目的。

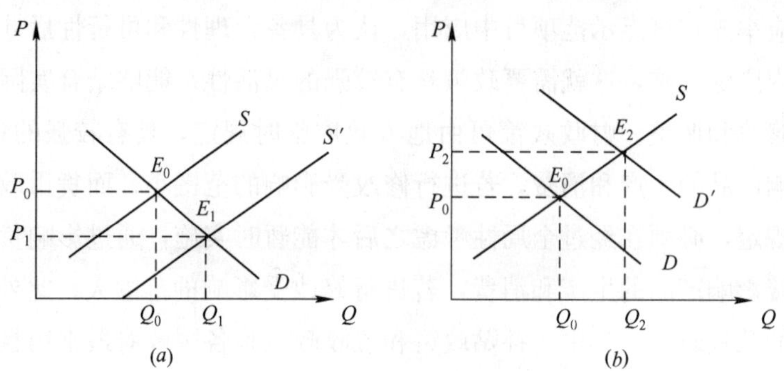

图 7-4　财政补贴政策的经济学分析

(a)供给方补贴；(b)需求方补贴

（二）税收优惠政策

税收优惠政策的核心是税收支出，即利用税收制度的各项优惠规定，实现税款的减除或豁免。税收支出是一种隐蔽的财政支出形式，它通过减免税收暗中对纳税人的某种特定行为给予补贴，间接达到政府实现公平和效率的政策目标。按照所发挥的作用，可以分为照顾性税收支出和刺激性税收支出两种。照顾性税收支出指针对纳税人由于客观原因在生产经营中发生临时困难而无力纳税所采取的照顾性措施，例如，国家税法中规定，当纳税人发生年度亏损时，可以用下一年度的税前所得弥补亏损，并且允许在5年内逐年延续；刺激性税收支出指针对某项鼓励实施的行为而采取的税收措施以激励行为主体执行和提高执行效果，主要目的在于正确引导产业结构、产品结构、市场供求，促进开发新产品和新技术，实现优化资源配置和提高效率等，它是税收支出的主要内容，同时也是税收发挥调节经济杠杆作用的主要体现。税收优惠政策可采取的形式一般有税收豁免、税收扣除、优惠税率、延期纳税和退税等。

税收优惠政策的经济学分析　首先，税收对投资水平的影响。西方一些经济学家在研究税收政策与投资行为之间的关系时，构建了标准的资本成本理论模型。根据这一理论，在特定阶段内，企业将不断积累成本，直到最后一单位投资的收入(即资本边际收益)等于资本全部经济成本(即资本使用成本)为止[115]。对于投资者而言，当资本边际收益大于资本使用成本时，就会考虑继续增加投资，扩大投资规模。因此，税收优惠政策将通过降低资本成本，进而影响投资决策，鼓励投资行为。资本成本的计算公式为：

$$C=q(r+\delta)(1-uz-uy)/(1-u) \tag{7-1}$$

式中各符号的经济含义是：C表示资本成本，q表示资本的购买价格，r表示市场利率(或贴现率)，δ表示实际折旧率，u表示企业所得税税率，z表示价值1元资本的将来折旧扣除现值，y表示价值1元资本的利息扣除现值。

$$z=\alpha/(r+\alpha) \tag{7-2}$$

$$y=r/(r+\delta) \tag{7-3}$$

其中：α表示计算所得税时税法规定的折旧率。

则式7-1可替换为：

$$\begin{aligned}C&=q(r+\delta)[1-u\alpha/(r+\alpha)-ur/(r+\delta)]/(1-u)\\&=q(r+\delta)+[qru(\delta-\alpha)/(1-u)(r+\alpha)]\end{aligned} \tag{7-4}$$

由上述各式可知，若采用以下几种方法，将实现资本成本的降低：

(1) 提高折旧率

若税法规定提高允许抵扣的折旧率α，例如企业实际采用直线折旧法，而税法规定采用加速折旧法，使得$\alpha>\delta$，即$\delta-\alpha<0$，则随着α的提高，资本成本随之减小。

(2) 投资抵免

包括两种情况：

第一，允许企业在正常计算折旧和利息扣除外，按投资额的一定比例直接在应纳税所得额中扣除。设 k 为扣除比例，此时资本成本公式为：

$$C=q[(r+\delta)(1-uz-uy-uk)]/(1-u) \tag{7-5}$$

第二，允许企业在正常计算折旧和利息扣除外，按投资额的一定比例直接在所得税中扣除。设 k 为税收抵免率，那么 qk 就是一单位投资的税收抵免值。资本成本公式为：

$$C=q[(r+\delta)(1-uz-uy-k)]/(1-u) \tag{7-6}$$

在这两种情况下，资本成本都将降低。

(3) 税率降低

若税法规定实行优惠税率，对企业所得税进行减免，在当前所得税税率小于 50%的情况下，随着 u 值下降，$1-u$ 值上升，则资本成本将随之降低。

因此，实施提高折旧率、投资抵免以及所得税税率降低等税收优惠政策，将达到降低资本成本，刺激投资增长的目的。

其次，税收对消费水平的影响。税收主要是通过收入效应和替代效应对消费者的消费行为产生影响的。按照经济学中的概念，收入效应指商品价格变化通过对消费者收入的影响，进而影响消费者对该商品的需求数量；替代效应指当商品价格变化时，消费者倾向于用价格低廉的商品替代价格昂贵的商品，从而改变对某种商品的需求数量。税收优惠政策的收入效应和替代效应表现为：当对一种鼓励生产的商品实施税收优惠时，商品的销售价格会因成本的减少而下降，对于消费者而言，一方面自身的购买能力相对提高，这是收入效应的结果；另一方面会用价格下降的商品替代其他价格保持不变的相似商品，这是替代效应的结果，两种结果将共同导致对税收优惠商品需求量的增加。

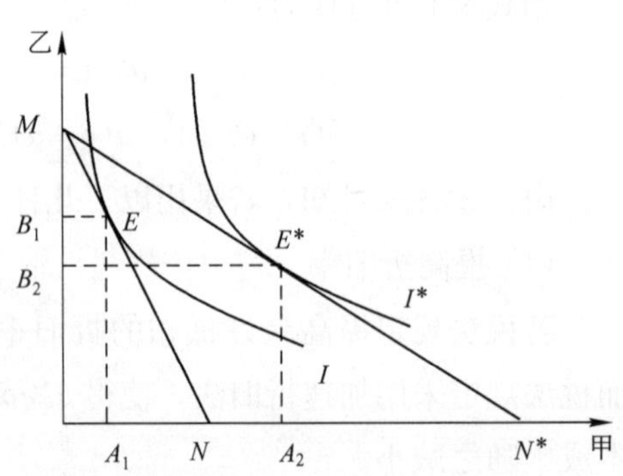

图 7-5　税收影响消费水平的经济学分析

如图 7-5 所示，甲和乙为市场上的两种可替代商品。初始情况下，I 为消费者的无差异曲线，MN 为消费者的预算约束线，均衡点为 E，此时消费者的最优选择是消费 A_1 单位的甲商品和消费 B_1 单位的乙商品。假定消费者的收入是固定的，设甲为鼓励生产的商品，政府决定对其实施税收优惠政策；相对而言，乙则为限制生产的商品。由于甲商品的销售价格随着优惠政策的实施而下降，在收入效应和替代效应的共同作用下，预算约束线由 MN 旋转至 MN^*，则均衡点变为 E^*，消费者的最优选择变为消费 A_2 单位的甲商品和消费 B_2 单位的乙商品，其中 $A_2>A_1$，$B_1>B_2$，即消费者增加了对甲商品的需求而相对减少了对乙商品的需求，政府达到了预定的政策目标。

第三节　国内外建筑节能经济激励政策比较研究

国内曾经及正在实施的建筑节能经济激励政策主要以税收优惠政策为主，辅以部分地区实行的建筑节能奖金鼓励政策。相关政策包括：

一、国内建筑节能经济激励政策

(一) 固定资产投资方向调节税

1991 年 4 月 16 日，中华人民共和国国务院令第 82 号发布《中华人民共和国固定资产投资方向调节税暂行条例》，利用税收政策贯彻国家产业发展政策，控制投资规模，引导投资方向，调整投资结构，促进国民经济持续、稳定、协调发展。该税种适用于在中华人民共和国境内进行的固定资产投资，包括基本建设投资、更新改造投资、商品房投资和其他固定资产投资的各级政府机关、团体、部队、国有企业事业单位、集体企业事业单位、私营企业、个体工商户及其他单位和个人。《条例》中规定，对“北方节能住宅”(即满足《民用建筑节能设计标准》规定的住宅)，其固定资产投资方向调节税执行零税率。1993 年 4 月 20 日，国家计委、国家税务局发布《关于北方节能住宅投资征收固定资产投资方向调节税的暂行管理办法》(计投资[1993] 653 号文)，规定了具体的执行标准，即凡符合《民用建筑节能设计标准(采暖居住建筑部分)》，且采用新型墙体材料或新型复合墙体的建筑，其固定资产投资方向调节税税率为零。该政策的实施对北方采暖地区开展建筑节能工作，推广节能建筑起到了极大的推动作用。但在1999年12月，为了促进经济快速发展，贯彻国家宏观调控政策，扩大内需，鼓励投资，由财政部、国家税务总局和国家发展计划委员会共同下发《关于暂停征收固定资产投资方向调节税的通知》(财税字［1999］299号)，规定自2000年1月1日起在全国范围内暂停固定资产投资方向调节税的征收工作，该项税收政策对建筑节能的激励作用也随之消失。

(二) 所得税

财政部和国家税务总局于1994年3月发布《关于企业所得税若干优惠政策的通知》(财税字［1994］001号)，规定企业利用本企业外的大宗煤矸石、炉渣、粉煤灰作主要原料，生产建材产品的所得，自生产经营之日起，免征所得税5年。该项激励政策的主要目的在于促进资源综合利用，对建筑节能中发展新型墙体材料和限制使用实心黏土砖等起到了极大的推动作用。

(三) 增值税

为了加快新型建筑墙体材料产业的发展，适应建筑节能市场的需要，推动建筑节能战略的实施，财政部和国家税务总局共同颁布了多项增值税优惠政策，有效地刺激了新型节能建材产品的大规模生产和使用。

1995年4月，发布《关于对部分资源综合利用产品免征增值税的通知》(财税［1995］44号)，通知中规定：自1995年1月1日起，对企业生产的原料中掺有不少于30%的煤矸石、石煤、粉煤灰、烧煤锅炉的炉底渣(不包括高炉水渣)的建材产品，在1995年底以前免征增值税。

2001年12月，发布《关于部分资源综合利用及其他产品增值税政策问题的通知》(财税［2001］198号)，通知中规定：自2001年1月1日起，在生产原料中掺有不少于30%的煤矸石、石煤、粉煤灰、烧煤锅炉的炉底渣(不包括高炉水渣)及其他废渣生产的水泥实行增值税即征即退的政策；自2001年1月1日起，对部分新型墙体材料产品实行按增值税应纳税额减半征收的政策(见表7-1)；自2001年12月1日起，对增值税一般纳税人生产的黏土实心砖、瓦一律按适用税率征收增值税，不得采取简易办法征收增值税。

享受增值税减半征收政策的部分新型墙体材料　　表 7-1

产品类别及名称	产品规格及要求
一、非黏土砖(采用机械成型生产工艺，单线生产能力不小于 3000 万块标准砖/年)	
1) 孔洞率大于 25%非黏土烧结多孔砖、空心砖	符合国家标准 GB 13544—2000 和 GB 13545—1992 的技术要求
2) 混凝土空心砖	符合国家标准 GB 13545—1992 的技术要求
3) 烧结页岩砖	符合国家标准 GB/T 5101—1998 的技术要求
二、建筑砌块(采用机械成型生产工艺，单线生产能力不小于 5 万 m^3/年)	
1) 普通混凝土小型空心砌块	符合国家标准 GB 8239—1997 的技术要求
2) 轻集料混凝土小型空心砌块	符合国家标准 GB 15229—41994 的技术要求
3) 蒸压加气混凝土砌块	符合国家标准 GB/T 11968—1997 的技术要求
4) 石膏砌块	符合行业标准 JC/T 698—1998 的技术要求
三、建筑板材(采用机械化生产工艺，单线生产能力不小于 15 万 m^2/年)	
1) 玻璃纤维增强水泥轻质多孔隔墙条板(GRC 板)	符合行业标准 JC 666—1997 的技术要求
2) 纤维增强低碱度水泥建筑平板	符合行业标准 JC/T 626—1996 的技术要求
3) 蒸压加气混凝土板	符合国家标准 GB 15762—1995 的技术要求
4) 轻集料混凝土条板	参照行业标准《住宅内隔墙轻质条板》JC/T 3029—1995 的技术要求
5) 钢丝网架水泥夹芯板	符合行业标准 JC 623—1996 的技术要求
6) 石膏墙板(包括纸面石膏板、石膏空心条板)	纸面石膏板符合国家标准 GB/T 9775—1999 的技术要求，同时单线生产能力不少于 2000 万 m^2/年；石膏空心条板符合行业标准 JC/T 829—1998 的技术要求
7) 金属面夹芯板(包括金属面聚苯乙烯夹芯板、金属面硬质聚氨酯夹芯板和金属面岩棉、矿渣棉夹芯板)	金属面聚苯乙烯夹芯板符合行业标准 JC 689—1998 的技术要求；金属面硬质聚氨酯夹芯板符合行业标准 JC/T 868—2000 的技术要求；金属面岩棉、矿渣棉夹芯板(符合行业标准 JC/T 869—2000 的技术要求)
8) 复合墙板、条板	所用板材为以上所列几种墙板和空心条板，复合板符合建设部《建筑轻质条板、隔墙板施工及验收规程》的技术要求

(资料来源：财政部和国家税务总局，《关于部分资源综合利用及其他产品增值税政策问题的通知》(财税［2001］198 号)附件。)

2004 年 2 月，财政部发布《关于部分资源综合利用产品增值税政策的补充通知》(财税［2004］25 号)，补充通知规定：自 2004 年 1 月 1 日起，为解决西部地区新型墙体材料产品生产企业因达不到财税［2001］198 号文件附件中对建筑砌块和建筑板材规定的生产规模标准，无法享受增值税减半的优惠政策的问题，对西部地区的企业生产销售的列入财税［2001］198号附件的建筑砌块和建筑板材产品，在2005年12月31日之前不再限定企业的生产规模，均可享受新型墙体材料产品增值税减半征收的优惠政策。上述西部地区是指重庆、四川、云南、贵州、西藏、陕西、甘肃、宁夏、青海、新疆、内蒙古、广西12个省(自治区、直辖市)以及湖南省湘西土家族苗族自治州、湖北省鄂西土家族苗族自治州、吉林省延边朝鲜族自治州。

(四) 其他优惠政策

依据国家的有关规定，各级地方政府制定了“关于统一收取城市基础设施配套费”的规定，对新建、改建、扩建的工业、民用和公共房屋建筑工程，按照建筑面积，在取得建设工程规划许可前，统一征收城市基础设施配套费。规定中列出了允许减免缴费的工程项目，其中包括面向中低收入的经济适用房。目前已有一些城市规定对节能建筑减免此项收费，以推动建筑节能战略的实施。此外，部分城市还制定了诸如对节能建筑的设计和建设单位颁发建筑节能奖金、对节能建筑免收墙体材料改革建筑节能基金、对采用的新型节能墙体材料实行优惠价格等一系列适用于本地实际情况的建筑节能经济激励政策。

二、国外建筑节能经济激励政策

发达国家在20世纪70年代能源危机之前，并不十分重视节能工作，经济和社会发展是建立在高能耗基础之上的，住宅能耗所占比例也随着人民生活水平的提高逐步增长。由于20世纪70年代的石油危机而导致能源危机，迫使各国高度重视能源问题，并采取了各种措施节约能源及提高能源利用效率。建筑节能作为节能工作的一个主要方面，受到各国政府的重视。很多国家采取了“两手抓”的策略，一方面采取措施控制新建建筑能耗水平，另一方面加大对既有建筑的改造。通过以上两方面的措施，大多数国家虽然建筑面积每年在增加，房屋舒适程度也逐步提高，但建筑总能耗却呈下降趋势。例如丹麦，其住宅采暖面积1992年比1972年增加39％，但采暖总能耗却从1972年的322PJ[1]下降到1992年的222PJ，减少了31.1％。为推动建筑节能

[1] 1PJ＝10^{15}J，1单位PJ等于23900吨石油产生的能量。

工作的开展，多数发达国家都制定了适合本国国情的经济激励政策。

(一) 美国

美国联邦政府于 20 世纪七八十年代先后制定了一系列旨在提高能源效率的能源标准和政策，取得了卓越的成果，较好地完成了各个阶段设立的建筑节能目标[116](见图 7-6)。

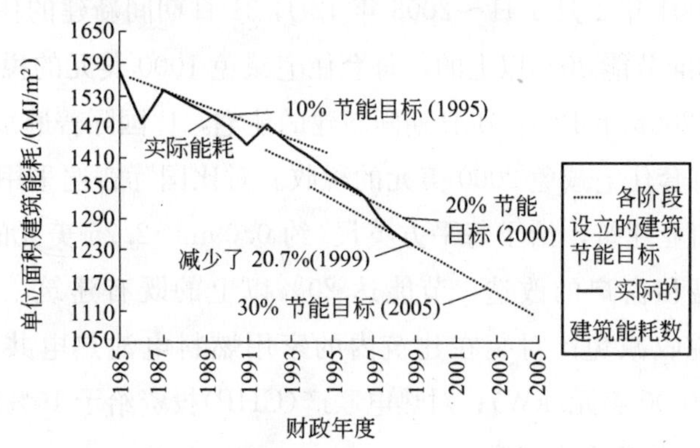

图 7-6　美国建筑节能目标的制定和实施

美国能源部发布了新建建筑使用的国家强制性节能标准和非强制性节能示范标准，美国住房和城市发展部提供了便于独户住宅翻新或装修节约能源的高能源效率房屋抵押贷款。已颁布实施的能源政策包括：1975 年的能源节约法，1978 年的节能政策法和能源税法，1988 年的国家能源管理改进法，1991 年的总统行政命令 12759 号，1992 年的能源政策法并于 2003 年进行了修订，1994 年的总统行政命令 12902 号，1998 年的国家能源综合战略，1999 年的总统行政命令 13123 号，2001 年的税收激励政策——"2001 安全法案"(H. R. 4)等等。这些相关法案和行政命令中包含了许多在建筑节能领域应用的优惠政策，主要有下面几项内容：

(1) 1978 年的能源税法

规定从 1977 年到 1985 年 12 月，民用节能投资和可再生能源投资的税收优惠是 15％(最多不超过 300 美元)，其中包括保温、挡雨门窗、密封条和采暖炉的改进技术。

(2) 1992 年的能源政策法

规定对太阳能和地热能项目永久减税 10％；对风能和生物质能发电实行

为期10年的产品减税，每1kWh减少1.5美分(根据当时物价水平确定)；对于符合条件的新的可再生能源及发电系统(1993年10月1日～2003年12月30日之间开始运行的)，并属于州政府和市政府所有的电力公司和其他非营利的电力公司也给予为期10年的减税，减税额为1.5美分/kWh[117]。

(3) 2001年的安全法案

规定对2001年1月1日～2003年12月31日期间新建的住宅，比国际普遍采用的标准节能30%以上的，每套住宅减免1000美元的税收；对2001年1月1日～2005年12月31日期间新建的住宅，比国际普遍采用的标准节能50%的，每套住宅减免2000美元的税收。对比国际普遍采用的标准节能至少50%的商业建筑，给予每平方英尺(约0.09m^2)2.25美元的税收减免；对进行了保温和窗户的改造，节能达20%以上的既有建筑，可得到每套2000美元的税收减免；对装在建筑内的家用燃料电池热电共生系统减税10%(最高达1000美元/kW)；对热电联产(CHP)投资给予10%的减税。

(4) S.596和S.207议案

规定季节性能效比(SEER)大于13.5的中央空调和热泵减税10%(最高250美元)，SEER大于15.0的中央空调和热泵减税20%(最高500美元)；对能效系数(Energy Factor)达到0.65以上的燃气热水器减税10%(最高250美元)、对能效系数达到0.80以上的燃气热水器减税20%(最高500美元)；对热效率达到90%、同时年燃料利用效率和季节性电力消耗少于300kWh的先进天然气采暖炉给予减税政策。

美国环保署(EPA)推出了专门针对公共建筑节能和工业建筑节能的“能源之星”(Energy Star)计划。这一计划为政府和建筑业主之间提供一种合作伙伴关系。参与该计划的建筑业主须与EPA签订一个谅解备忘录，由EPA向业主提供无偿的咨询服务。执行“能源之星”计划之后，建筑业主每年的能源费用由原来的11～33美元/m^2减少到6.5～16美元/m^2[118]。因此，业主从建筑节能得到了利益，能够主动参与到建筑节能工作中来，积极配合政府实施的各项建筑节能政策。2002年，联邦政府为450万户低收入家庭提供了17亿美元的财政补助，用于支付能源费用和进行节能改造。2003年7月31日，美国决定在今后10年对能源效率、替代燃料和可再生燃料等领域实施减免能源税政策。对新建建筑和各种节能设备将根据不同的能效指标，分别给予10%或20%的减税。

据美国节能经济委员会(ACEEE)估算，到2020年，所有减税措施(包括节能设备、燃料电池汽车、油电混合动力车以及节能商业建筑和住宅等领域)将造成财政损失73亿美元，但同时带来的节能效益约为2000亿美元。与减税有关的损失(联邦政府的损失加上消费者的损失)约870亿美元，与其节能收益相比，总的效益/成本比约为2.3∶1。联邦政府总的净收益为1100亿美元。另外据估计，到2020年，减税政策每年将减少氮氧化物排放约37万t，减少SO_2排放12万t；2000—2020年间累计可减少CO_2排放5亿t，相当于目前美国4个月的CO_2排放量。

此外，美国联邦政府鼓励有条件的州制定本州的节能政策，并要求以多样化的扶持措施，推进建筑节能技术的发展和建筑节能政策的实施。据此，许多州都根据自身特点制定了本州的建筑节能标准和政策法规。例如加利福尼亚州通过颁布住宅能量效率评级系统标准、推行节能建筑抵押贷款、对用电量低于建筑节能标准规定指标的由电力公司给予用户奖励等举措，有效地推动了建筑节能工作的开展[119]。各州也普遍采取了鼓励公共事业单位提高能源利用效率、组织开展住宅能源利用评价(即给住宅打分，让住户了解该住宅能源利用效率的实际情况，并对住宅降低能耗、降低能源费用等提出具体建议)、编制产品耗能指南、确定节能产品的标识和进行节能门窗评级等措施[120]。针对可再生能源的利用，目前已有11个州提出了对购买和安装可再生能源设备者减免个人收入税的决定；有12个州对集体所拥有的可再生能源设备给予企业所得税减免；有11个州对可再生能源设备的制造、安装和运行所需材料、设备的销售税予以抵扣。美国共有21个州设立了节能公益基金，主要通过提高2%～3%的电价来筹集资金。基金由各州的公用事业委员会负责管理，相关部门和单位可以申请并利用该基金开展节能活动。2001年，美国40个州级政府部门和16个公用事业单位共提供1.33亿美元开展现金补贴项目，鼓励用户购买经“能源之星”认证的节能家用电器和照明器具。而一些贷款机构也采取了诸如返还现金、低利息等措施刺激居民申请节能住宅抵押贷款。2001年，加利福尼亚州为了解决面临的能源危机，由州政府通过电力公司给能在夏季用电高峰减少用电20%以上的用户提供至少20%的电费回扣，这被称为“20/20”项目。而为了确保低收入家庭能够全部参与该计划，州立法机构和公共事业委员会又特别规定：在 2001 年 5 月～2002 年 2 月期间，给 5 万多个家庭住房进行保温隔热改造，并采取措施帮助另外 5 万个家庭提高能效。最终有 33%即 300 多万个家庭实现了节电 20%的目标，还有数百万个家庭节电达到 10%～20%，居民用户共节能 2312MW，占节能总量的 34.5%，有效地帮助加州度过了能源危机。

(二) 英国

英国是较早重视能源节约并开展节能工作的国家之一，自 20 世纪 90 年代起，提高能源效率项目的实施重点就是建筑节能。英国的《家庭住宅节能法》规定：每一个地方政府都必须定期报告节能计划完成情况，列出实施家庭建筑节能计划的时间表等。这为节能目标的实现提供了法律保障，在诸如此类的法律政策约束下，英国又采取了补贴、税收、基金等多种措施来实施建筑节能工作。主要包括以下几个方面[121, 122]：

1. 政府补贴

1999 年和 2000 年英国政府通过“资本收入投资鼓励计划”，向地方政府提供 8 亿英镑用于改造旧房。1991 年实施了支持低收入家庭、残疾和老年人家庭的家庭节能项目，该项目最早只限于政府对房屋通风和楼顶隔热等方面的节能改造给予补贴，后来扩大到墙体隔热、暖气控制和小型荧光灯等方面。1997—1998 年英国政府投入这个项目的经费是 7500 万英镑，资助了 40 万个家庭。到 1999 年总投资达到 4 亿英镑，共有 225 万个家庭受益，占以前没有隔热装置家庭总数的 23%。针对可再生能源，率先在英格兰等地区推行的《非化石燃料公约(NFFO)》规定，通过对电力用户征收“化石燃料税”(总电价的 1.5%)建立发展基金，用可再生能源发电的企业或项目在前 5 年可享受基金补贴，后 15 年电力公司以固定价格收购其电力，当市场价格低于固定价格时，将由政府给予差额补贴。推行《非化石燃料公约》以来，英国的新能源和可再生能源电价从 1992 年的 4.35 便士/kWh 降到 1999 年的 2.71 便士/kWh，政府补贴成本从 1992 年的 1.95 便士/kWh 降到 1999 年的 0.31 便士/kWh，每年约减少 260～300 万吨碳化物的排放。

2. 税收刺激

英国政府于 1994 年 4 月对居民用气和用电征收 8%的增值税；1997 年将该税率降到 5%，以刺激居民提高节约生活用能的意识。1999 年下半年，英国政府又制定了一项针对可再生能源的新能源政策——《可再生能源义务公约》。该项公约规定，对工商企业(非家庭用电)征收大气影响税，其税率分别为：天然气 0.15 便士/kWh，煤炭 1.17 便士/kWh，电 0.43 便士/kWh，液化石油气 0.07 便士/kWh。该税收中一部分用于支持企业研究低碳化物排放技术；一部分用于支持企业加速节能设施投资的折旧；还有一部分用于补贴企业，减免企业为员工交纳的 0.3%的社会保险税。通过征收大气影响税，将刺激企业增强节能积极性，主动采取节能措施，减少大气污染。

3. 基金扶持

1992 年英国政府和能源公司共同建立了一个非营利性组织——"能源节约信托基金组织"，其目的主要是鼓励地方政府为居民和小型商业和工业用户提高能源效率。该基金的主要任务包括：节能广告和营销；建立地区能源效率中心网络；鼓励使用高能效标准和设备；鼓励和促进开发能源服务行业试点项目；鼓励地方政府实施新型家庭住宅能效战略；实验开发由环保型燃料驱动的轿车、出租车、公交车和商业车辆。1998—1999 年度发放基金 1900 万英镑，1999—2000 年度支出 1400 万英镑。2002 年节能基金的预算为 2 亿英镑，其中 1000 万英镑作为无息贷款向外发放。

(三) 法国

石油危机过后，能源管理成为法国优先考虑的问题，政府采取了各种有效的能源管理措施来缓解能源供求矛盾突出对经济增长的阻碍。1974 年，法国的第一个新建住宅建筑节能法规出台，该法规中确定了住宅热损失的最高限量，提高了建筑绝热性能指标。1976 年 3 月，政府以总理法令的形式颁布了非住宅建筑用热能法规，1977 年又对其进行了补充，该法规覆盖了除体育建筑以外的所有民用建筑、工业或农业建筑。1982 年第二个住宅节能法规出台，在对 1974 年法规进行补充修订的基础上，提出了热损失系数和需热量系数的指标。1989 年 1 月又开始推广应用一套新的建筑节能法规[123]。为鼓励生产高性能的节能产品，法国于 1985 年推行，1990 年正式建立了节能标识制度，由法定的资格委员会负责发放节能标识并对获得节能标识的产品定期检查。1999 年 5 月，法国政府通过环境和能源管理署发布了一项新的能源管理政策，包括：第一，为所有的经济部门提供新的资助，如在 1999 年，每年额外提供 7620 万欧元，同时加强机构的人力资源建设；第二，通过与环境和能源管理署体系下的每一个管理地区合作，使得用于所有经济部门的能源管理的总可能性预算在 2001 年达到 2.3 亿欧元。为了达到欧盟对温室气体排放量的要求，2000 年法国确定了两个国家计划，目的是降低大多数消耗能源的经济部门对能源和环境的冲击。这两个计划，一个是 2000 年 1 月提出的反对气候变化计划，确定了新的减少温室气体排放的法国公约；另一个是 2000 年 12 月提出的法国能源利用率计划，确定了法国新的节能目标和途径。这些计划大部分针对建筑领域，其中包括了既有建筑热工性能提高的措施和新建筑的节能措施。2001 年 6 月，法国又出台了 4 个与节能相关的法令，分别是：总理签署的政府令、住房部颁发的两个法令(其一是规定建筑节能应用标准的技术要求，其二是明确计算方法)、《空气法》(限制了建筑物中的烟囱、采暖、炊事、空调中有害气体的排放量)，建筑产品在规划设计过程中必须遵守这 4 项法令才能获准施工。

但是随着经济的发展，能源消耗总量仍继续上升。1999 年法国能源消耗总量达到 214.3Mtce❶。如表 7-2 所示，建筑部门已成为最大的能源消耗部门，建筑能耗的比例从 1973 年的 40%上升到 1999 年的 45.8%。

1999 年法国分部门商品能源消耗数量和比例 **表 7-2**

经济部门	能耗数量(Mtce)	比例(%)
建　筑	98.2	45.8
工　业	58.5	27.3
交　通	54.1	25.2
其他(第三产业、农业)	3.5	1.7
总　计	214.3	100.0

(资料来源：赵立华，杨灵艳，徐春太. 法国能源状况和建筑节能计划 [J]. 低温建筑技术，2003(1)：52～54，52。)

居住建筑对商品能源的需要量已从 20 世纪 70 年代末的 43.9Mtce 增长到 20 世纪 90 年代末的 55.1Mtce，能源的衰竭导致电力在法国能耗中占据较大份额(见图 7-7)。法国家庭的电力消耗在 20 年间翻了一番，其中 34%用于取暖、8%用于烹调、15%用于热水、43%用于照明等其他用途。法国政府在引导居民节约用电、减少能源消耗、提高建筑能源利用效率等方面采取了诸多措施。例如制定建

❶ Mtce 指百万吨标准煤。

筑节能规范，该规范中按照不同地理位置评估出不同建筑材料的能源利用效率；向居民开展节电信息宣传，提高居民自觉节电意识；为鼓励利用新能源，政府为建筑物安装生物能、太阳能、风能等新能源设备并提供补助；聘请专家审核建筑施工项目的节能措施及新能源利用率，达标者获得奖励，最高奖励额可达施工总额的50%[124]。

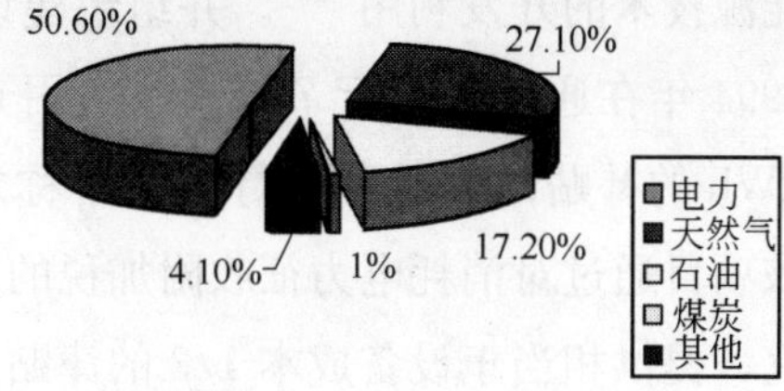

图7-7 法国建筑能耗结构图(1999年)

（资料来源：赵立华，杨灵艳，徐春太．法国能源状况和建筑节能计划［J］．低温建筑技术，2003(1)：52～54，53。）

(四) 日本

日本是一个能源资源匮乏的国家，绝大多数一次性能源需要依赖进口。长期以来，日本政府为了持续发展本国经济，制定了一系列的节能政策并建立了相应完善的节能体系。历届日本政府在制定能源政策时都会强调以下三点：一是确保能源的稳定供应；二是大力开发和利用可替代能源；三是千方百计地节约能源。能源政策的目标是“实现能源安全、经济增长和环境保护的共同发展”。1979年日本政府首先颁布实施了《能源使用合理化法》（即《节能法》)，对燃料燃烧合理化、传导性能好的加热和冷却技术、高温余热回收、热能转化电能等应用技术都规定了判断标准，并分别于1993年、1997年和1998年对该法案进行了3次修改。重新修改后的新节能政策对公共事业场所、建筑物和机械类的节能管理做出明确规定；将家用电器、汽车耗油标准等节能目标值由原来的平均值改为最高值；加强了政府机构对节能事业的支持力度[125]。1998年制定了《2010年能源供应和需求的长期展望》，特别强调通过采用稳定的节能措施来控制能源需求，以实现能源的可持续发展。

为了加快建筑物中可再生能源的推广应用，1974年7月，日本制订了第一个新能源技术开发的长期规划——“阳光计划”，主要用于研究开发太阳能、地热能、氢能和风力发电等新能源。1980年5月，又通过了旨在“减轻日本经济对石油依存度，促进国民经济稳步发展和人民生活安定”的《促进石油替代能源开发和利用法》，其中增添了太阳能、新燃料油、生物能和海洋能等替代石油的新能源利用技术的开发。为了确保石油替代能源战略的顺利进行，日本于1980年开始征收电力开发税和石油税，将税收收入用于新能源技术的开发利用[126]。并组织建设了一些新能源利用的示范工程，例如1994年在通产省推行700户住宅用光电发电系统，由政府给予90万日元/kWh的补贴；1997年推行的一个称之为“万户屋顶”的太阳能利用项目，该项目通过对消耗电力征收附加税的方式筹资，对所有装备太阳能设备的家庭，提供相当于设备成本1/3的津贴，同时电力部门承诺以市场价格回购太阳能设备生产的超出家庭消耗需求的电力[127]；近几年来，政府承诺为安装太阳能设备的家庭提供50%的赞助。1997年6月，日本制定了《新能源利用促进特别措施法》，规定政府、能源使用者、能源供给者及地方公共团体对新能源的发展利用应尽的责任和义务，并由政府在财政、融资等方面提供一系列优惠政策。

此外，对居民住宅实行了节能标识制，政府加强了对住宅建设节能标准实施的检查，达标的由政府对建设费给予适当补贴。对因采用先进节能技术及标准而使制造商生产成本提高及消费者面临的商品价格提高等问题由政府提供补贴进行解决。例如，在汽车制造业，高效节能汽车政府补贴差额高达50%；在家用电器生产行业，高效热水器政府补贴差额达到25%。日本政府新的节能政策出台后，促进了日本全国节能的进一步完善，据日本经济产业省的测算，节能政策将为日本带来5700万L标油的节能效果，相当于日本家庭一年的总能源消费量。

对于节能项目，日本政府采取了许多经济激励政策[128]：

(1) 贷款优惠：政府对能源效率投资提供低息贷款，但必须满足相应的贷款条件，即：现有设备的能源或石油消耗减少20%，新项目的能源或石油消耗减少40%。属于节能和资源可再生利用的设备更新改造和技术开发项目，其投资可以享受国家规定的特别利率优惠。

(2) 贴息：工厂安装节能设备、建筑节能、购买余热利用及热能有效利用设备贷款，以及节能技术开发项目政府补助金，给予0.4%的贴息。

(3) 贷款担保：工厂安装节能设备、建筑节能、开发节能技术、购买余热利用及热能有效利用设备等向商业银行的贷款，由政府提供担保。

(4) 税收优惠：工厂安装节能设备，从应缴所得税额中扣除7%，或者在前一年按设备购置费提取特别折旧；节能技术开发项目可扣除应缴所得税的6%。

三、国内外建筑节能经济激励政策比较

与国外发达国家相比，国内所实施的建筑节能经济激励政策存在以下几点不足：

第一，形式简单。国内的建筑节能经济激励政策主要以针对固定资产投资方向调节税、所得税和增值税的税收优惠政策为主，与国外发达国家相比，经济激励政策的形式过于简单。例如，美国、英国、法国和日本都对建筑节能采取了财政补贴、税收优惠、贷款担保和基金扶持等多种形式的经济激励政策。

第二，规模较小。国内只对北方节能住宅免除固定资产投资方向调节税（且该税种已经停征），对部分新型墙体材料实行增值税减免政策，与国外发达国家相比，经济激励政策的涉及范围较小。例如，美国对民用节能投资、太阳能和地热能项目、新建的超标准节能住宅、高性能的中央空调和燃气热水器等均规定了不同的减税措施，还推出了专门针对公共建筑节能和工业建筑节能的“能源之星”计划；日本对住宅用光电发电系统、安装太阳能设备和建筑节能技术开发等方面都提供了财政补贴或贷款优惠等政策。

第三，对象单一。国内的建筑节能经济激励政策目前只针对市场的供给方，对需求方尚无任何激励措施，而国外发达国家均分别针对建筑节能领域的厂商和消费者规定了各自适用的补贴、减税等经济激励政策，相比之下，国内的政策适用对象十分单一。

第四，激励程度不高。对于国内的政策适用对象而言，多数只是被动地享受建筑节能经济激励政策带来的优惠，而非主动地争取获得优惠待遇的资格，与国外发达国家相比，激励程度不高，激励效果不明显。

第四节　建筑节能经济激励政策实证研究

一、建筑节能技术分析

建筑节能是一项综合多门学科、连接多个领域、涉及多个层面的重大工程。首先，它由材料、建筑设计、施工、采暖、通风、空调、照明、电器、

能源、环境、计算机、经济、管理等多学科交叉结合而成；其次，它贯穿了城市规划、建筑结构设计、建筑施工、供暖制冷系统安装、物业管理、设备运行等众多环节；再次，它牵涉到钢材、水泥、玻璃、塑料、金属、木材等各类建筑材料和构配件的生产制造，以及采暖、通风、空调、照明等设备的安装使用，带动着一个庞大产业群的发展。因此，建筑节能是一项复杂而艰巨的任务。

按照气候条件的差异，我国可分为采暖区和非采暖区，其中采暖区包括严寒和寒冷地区，则建筑可由此划分为采暖建筑和空调建筑。在采暖建筑中，建筑能耗损失主要是通过围护结构的传热和门窗缝隙的冷风渗透两方面造成的，建筑能耗的大小受体形系数、围护结构传热系数、窗墙面积比、换气次数、建筑物朝向等多种因素的影响。采暖建筑节能的关键是减少冬季室内热量向室外的传送，其节能途径在于：减小建筑物的体形系数、外表面积及加强建筑物外墙、门窗和屋面等围护结构的保温隔热性能，减少传热耗热量；提高门窗的气密性，减少空气渗透耗热量；改善采暖供热系统的设计和运行管理，提高锅炉或其他采暖设施的运行效率。在空调建筑中，建筑能耗损失主要是通过太阳辐射进入室内、围护结构传热和门窗缝隙空气渗透等方面造成的，空调负荷的大小受围护结构热阻和蓄热性能、窗墙面积比、窗户遮阳状况、房间朝向和房间热容量等因素的影响。空调建筑节能的关键是减少夏季室外热量向室内的传送，其节能途径在于：设计时尽量避免东西朝向的房间或东西向的窗户，采取遮阳措施减少太阳直接辐射得热；提高围护结构的隔热性能，减少传热得热；加强门窗气密性，减少空气渗透得热；采用厚重材料做内围护结构，降低空调负荷峰值；采用高效节能空调设备或制冷系统，提高空调运行效率[129]。

显然，如果建筑围护结构具有良好的保温隔热性能，便可减少冬季室内传出的热量以及夏季室外传入的热量，从而降低保持室内舒适热环境所需要提供的采暖和制冷能耗。目前，建筑物围护结构传热系数高、保温隔热性能差是中国建筑能耗与发达国家存在较大差距的主要原因。因此，建筑节能的工作重点在于提高围护结构的保温隔热性能，即通过建筑围护结构节能设计和采用高效保温材料、复合墙体、节能屋面以及密封性能良好的门窗，来增强围护结构热工性能、减少围护结构散热，确保建筑达到或超过节能标准的规定，同时，将建筑节能与提高热舒适性、节约能源费用、减少环境污染及实现可持续发展等紧密结合起来。相应的建筑节能技术措施包括墙体节能、门窗节能、屋面节能和采暖空调系统节能。

（一）墙体节能

墙体是建筑物外围护结构的主体，其功能主要是承重、防水、防潮、隔热、保温。长期以来，中国大多数建筑以黏土实心砖作为主要墙体材料，其传热系数高、热工性能差，导致能源和资源的严重浪费，同时还无法满足人们对热舒适度的要求。随着节能和环保意识的增强，越来越多具备高效保温性能的新型墙体材料得到研究、开发和推广。目前广泛应用的新型墙体材料如表 7-3 所示。

新型墙体材料一览表 **表 7-3**

分类	细分	材料名称
一、块材		
砖类	空心砖	烧结黏土空心砖、页岩空心砖、煤矸石空心砖、粉煤灰空心砖等
	非黏土砖	煤矸石砖、页岩砖、粉煤灰砖、灰砂砖等
砌块类		蒸压加气混凝土砌块、普通混凝土空心砌块、轻质混凝土空心砌块、粉煤灰空心砌块、装饰混凝土砌块、粉煤灰砌块、石膏砌块、泡沫混凝土砌块等
二、板材		
轻质板材类	平板	纤维水泥板、纤维增强硅酸钙板、硅镁平板、水泥木屑板、纸面石膏板、石膏纤维板、水泥刨花板、玻璃纤维增强水泥板等
	条板	玻璃纤维增强水泥轻质多孔隔墙条板、石膏空心条板、工业灰渣混凝土空心隔墙条板、硅镁加气混凝土空心轻质隔墙板、陶粒混凝土空心条板、木纤维增强水泥多孔墙板、无轻骨料普通混凝土轻型条板等
复合板材类	外墙板	玻璃纤维增强水泥(GRC)复合外墙板、钢筋混凝土复合外墙板、钢丝网水泥复合外墙板、后充填式钢丝网混凝土复合外墙板、金属面夹芯复合外墙板等
	内隔墙板	石膏板复合内墙板、纤维水泥板复合内墙板、硅酸钙复合内墙板、后充填式钢丝网混凝土复合内墙板等
	外墙内保温板	GRC 外墙内保温板、玻璃纤维增强石膏外墙内保温板、充气石膏外墙内保温板、水泥聚苯外墙内保温板、纸面石膏聚苯外墙内保温板、纸面石膏玻璃棉外墙内保温板、无纸石膏聚苯外墙内保温板等
	外墙外保温板	纤维增强聚苯外墙外保温板、GRC 外墙外保温板、BT 型外墙外保温板、水泥聚苯外墙外保温板、挤塑聚苯乙烯外墙外保温材料、ZL 聚苯颗粒复合硅酸盐外墙外保温材料

（资料来源：崔琪，姚燕，李清海．新型墙体材料［M］．北京：化学工业出版社，2004。）

在节能建筑建造中，除用节能环保的新型墙体材料替代传统墙体材料之外，对建筑物的外墙也采取了一系列保温隔热措施。一般情况下，外墙保温技术可根据保温隔热材料在墙体中的位置分为三类：第一，外墙内保温（保温隔热材料位于结构层的内侧）；第二，外墙中间保温（保温隔热材料位于结构层的中间）；第三，外墙外保温（保温隔热材料位于结构层的外侧）。表 7-4 中列出了这三类措施的构造方法及其主要优缺点。

三类外墙保温技术的比较　　表 7-4

技术类别	构造方法（由外至内）	主要优点	主要缺点
内侧隔热	结构层＋隔热层＋饰面层	1. 对面层无特殊要求 2. 施工便利 3. 施工不受气候影响 4. 工程造价适中	1. 有热桥产生，削弱墙体隔热性，隔热层效率仅为 30%～40% 2. 墙体内表面易发生结露 3. 若面层接缝不严而有空气渗漏，易在绝热层上结露 4. 减少了有效使用面积 5. 室温波动较大
中间隔热	现场施工：结构层中间填入隔热层 预制复合板：钢筋混凝土之间嵌入隔热层	1. 施工尚便利 2. 隔热性能优于内保温技术 3. 用现场施工法，工程造价适中	1. 有热桥产生，一定程度上削弱墙体隔热性，隔热层效率仅为 50%～75% 2. 墙体较厚，影响有效使用面积 3. 墙体抗震性较差 4. 预制复合板若接缝处理不当易发生渗漏
外侧隔热	现场施工：饰面层＋增强层＋隔热层＋结构层 预制复合板：预制带饰面外隔热板，用粘挂结合法固定于结构层上	1. 基本可消除热桥，隔热层效率可达 85%～95% 2. 墙体内表面不发生结露 3. 不减少使用面积 4. 既可适用新建建筑，也可适用既有建筑 5. 室温稳定，热舒适性较好	1. 施工受气候影响 2. 采用现场施工时，对所用聚合物水泥砂浆以及施工质量均有严格要求，否则面层易发生开裂 3. 采用预制板时，对接缝处理要求严格，否则在接缝处易发生渗漏 4. 工程造价相对较高

（资料来源：中国建筑材料科学研究院．绿色建材与建材绿色化［M］．北京：化学工业出版社，2003。）

相比之下，外墙内保温和中间保温均不同程度地降低了建筑物的节能效果和使用效率；而外保温技术虽然造价略高，但节能效果最为显著，能够保证建筑物具有优良的质量和较高的使用率，有利于维护建筑热稳定性，避免室内温度出现较大波动，且该技术对于新建建筑节能和既有建筑节能都可适用，施工不影响建筑的使用，因此需进行大力推广应用。

(二)门窗节能

作为建筑物中重要的围护结构，门窗是阻隔外界气候侵扰的基本屏障，具有采光、通风、装饰、保温、隔热和隔声等功能。此外，门窗玻璃由于是透明的薄壁轻质构件，传热系数大、热辐射强，成为建筑节能的薄弱环节。在对典型地区非节能居住建筑耗热量的调查表明[130]：以哈尔滨为代表的严寒地区，围护结构传热耗热量约占建筑物总耗热量的71%，其中外墙占27.9%、屋顶占8.6%、窗户占28.7%、地面占3.6%、户门占1%，其他占1%；空气渗透耗热量约占建筑物总耗热量的29%，由窗户通过传热及空气渗透而散失的热量占建筑物总耗热量的57.7%。以北京为代表的寒冷地区，围护结构传热耗热量约占建筑物总耗热量的61%～81%，其中外墙占23%～34%、窗户占23%～25%、屋顶占7%～8%、楼梯间隔墙占6%～11%、户门占2%～3%；空气渗透耗热量约占建筑物总耗热量的23%～27%，由窗户通过传热及空气渗透而散失的热量占建筑物总耗热量的46%～52%。以重庆为代表的夏热冬冷地区，围护结构传热耗能量占建筑物总耗能量的77.75%，其中外墙占41.35%(夏季占18.54%，冬季占45.30%)，窗户占36.4%(夏季占35.73%，冬季占39.79%)，换气耗能量占建筑物总耗能量的21%(夏季占20.33%，冬季占22.45%)，由窗户通过传热和换气而耗费的能量占建筑物总耗能量的56.06%～62.24%。由此可见，建筑物中的热量损失有一半以上是由于门窗与室外热交换(热传导、热辐射和热对流)造成的，因此，进行门窗结构的节能设计和采用先进的节能门窗材料是建筑节能工作的重要方面。

门窗结构的节能设计主要包括：第一，控制窗墙面积比。随着人们对居室美观、舒适要求的不断提高，门窗在建筑物中所占面积逐渐增大。窗墙面积比的增加同时带来传热耗热量和渗透耗热量的增大，显然对建筑节能不利，故应在满足自然通风和采光的前提下尽可能地降低窗墙面积比。《民用建筑节能设计标准》中明确规定了各个朝向窗墙面积比的控制上限：采暖居住地区，北向为0.25，东、西向为0.30，南向为0.35；夏热冬冷地区，北向为0.45，东、西向无外遮阳措施的为0.30，东、西向有外遮阳措施的为0.50，南向为0.50；夏热冬暖地区，北向为0.45，东、西向为0.30，南向为0.50。第二，增强门窗气密性。在建筑设计时应采用密闭性能良好的门窗，或者采用加设密闭条的方法提高门窗气密性，以降低空气渗透耗热量。但门窗气密性的提高应控制在满足室内空气质量和自然通风的前提下。根据采暖地区的统计资料，若将换气次数由每小时0.8次降低至每小时0.5次，则建筑物耗热量指标可降低10%左右。因此，采暖地区可通过提高门窗气密性，将冬季室内换气次数控制在每小时0.5次左右，而非采暖地区应根据当地的气候条件，将换气次数控制在每小时1～1.5次。

1. 窗户节能

窗户一般由窗框、窗扇和玻璃组成，窗框(窗扇)材料和玻璃品种直接影响着窗户的保温性能。当前国内常用的窗框材料主要有木材、钢材、铝合金和塑料等，各种窗框材料的传热系数可见表7-5。过去木材是主要的窗框材料，但其易受腐蚀，并且浪费了有限的森林资源，不具备耐久性、耐火性、防潮性和环保性，因此，已逐渐退出建材市场。当前，传热系数低的玻璃钢和PVC塑料成为节能门窗的主要材料。

常用窗框材料传热系数 单位：W/(m^2·K) **表7-5**

材料名称	木　材	钢　材	铝合金	玻璃钢	PVC塑料
传热系数	0.14～0.17	58.2	203	0.52	0.16

(资料来源：杜文丽．节能门窗性能分析［J］．国外建材科技，2001(3)：120-123，120。)

常用的节能玻璃品种主要有：中空玻璃、吸热玻璃和镀膜玻璃等[131]。中空玻璃由两片或多片玻璃组合而成，玻璃之间留有密封的干燥空气或惰性气体，具备优良的采光和隔热性能。吸热玻璃又称作本体着色玻璃，即在玻璃制造过程中，加入金属离子，使玻璃具有吸收太阳光中红外线的功能，使穿透玻璃的热能减弱，降低室内空调负荷。镀膜玻璃可分为热反射镀膜玻璃和低辐射镀膜玻璃。热反射镀膜玻璃是在平板玻璃表面镀一层金属或金属氧化物薄膜，该薄膜具有反射太阳光的功能，主要用于反射太阳光中起加热作用的红外线，使玻璃能够部分阻挡太阳热能进入室内。低辐射镀膜玻璃是在平板玻璃表面镀覆特殊的高可见光透过率金属氧化物薄膜，这种材料具有最大的阳光透射率和最小的反射系数，能让80%的可见光进入室内，同时将90%以上室内辐射的远红外线保留在室内，夏季可以降低室外向室内的热辐射，冬季可以减少室内的热量流失。低辐射镀膜玻璃是一种新型高效节能玻璃，能够对不同频谱的太阳光具有选择性，例如它可以过滤掉紫外线，避免室内家具及装饰品因紫外线的照射而褪色；它可以吸收部分可见光，起到防止眩光的作用，若与吸热玻璃组合成中空玻璃，将发挥最佳的节能效果[132]。部分常用玻璃的传热系数见表 7-6。

常用玻璃传热系数 单位：W/(m² · K) **表 7-6**

玻璃品种	型 号	传热系数	玻璃品种	型 号	传热系数
普通平板玻璃	3mm	6.84	普通真空玻璃	5+5	2.60
普通平板玻璃	6mm	6.69	低辐射真空玻璃	5+5	1.55
双层中空玻璃	3+A6+3	3.59	双低辐射真空玻璃	5+5	1.30
双层中空玻璃	5+A12+5	3.17	低辐射中空玻璃	6+A12+6	1.68
三层中空玻璃	3+A12+3+A12+3	2.11	双低辐射中空玻璃	6+A12+6	1.32

（资料来源：中国建筑材料科学研究院．绿色建材与建材绿色化［M］．北京：化学工业出版社，2003。）

原材料、厚度、层数以及中空玻璃内密封的气体特性等都是影响玻璃传热系数的直接因素，由于制造工艺、材料性质、组合方式、外部环境等差异的存在，实际应用中检测到的传热系数可能会与上表数据略有差异，但不同玻璃品种之间节能效果的比较是一致的。未来节能门窗的发展趋势应是采用 PVC 塑料等非金属材料作窗框和窗扇，采用低辐射玻璃、吸热玻璃和普通平板玻璃等组成中空玻璃，并开发出具备良好密封性、耐久性和经济性的门窗密封条。

2. 门的节能

门主要是具有防盗、保温和隔热的功能。不同材料和不同类型门的传热系数见表 7-7。

门的传热系数 单位：W/(m² · K) **表 7-7**

门框材料	门 的 类 型	传热系数
木、塑料	单层实体门	3.5
	夹板门和蜂窝夹芯门	2.5
	双层玻璃门(玻璃比例不限)	2.5
	单层玻璃门(玻璃比例<30%)	4.5
	单层玻璃门(玻璃比例在 30%～60%之间)	5.0

续表

门框材料	门的类型	传热系数
金属	单层实体门	6.5
	单层玻璃门(玻璃比例不限)	6.5
	单层玻璃门(玻璃比例<30%)	5.0
	单层玻璃门(玻璃比例在30%～70%之间)	4.5
无框	单层玻璃门	6.5

(资料来源：杨善勤，郎四维，涂逢祥．建筑节能［M］．北京：中国建筑工业出版社，1999。)

门包括户门和阳台门。户门通常采用金属门板，用厚玻璃棉板或岩棉板作为保温隔热材料。阳台门又可分为落地玻璃阳台门及有门心板和部分玻璃的阳台门，前者可按外窗采取节能措施，后者则对玻璃部分按外窗采取节能措施。

(三) 屋面节能

在建筑围护结构中，屋面也是建筑物室内热量散失的重要部位。屋面的节能技术措施要点在于[133]：其一，屋面保温层宜选用轻质、保温性能好的材料，而不宜选用密度大、导热系数高的材料，以免屋面重量、厚度过大；其二，屋面保温层宜选用吸水率低的材料，而不宜选用吸水率较大的材料，以免屋面湿作业时因保温层大量吸水而降低保温效果，或者在屋面上设置排气孔以排除保温层内不易排出的水分。目前，节能建筑的屋面保温层通常采用加气混凝土块、憎水珍珠岩、蛭石、聚苯板、岩棉板、炉渣等多种高效保温材料，而一些建筑采用的坡屋顶设计，在坡屋顶下吊顶对房屋的保温也十分有利。此外，在屋顶上种植植物的屋顶绿化技术已经成为保护生态、净化空气、保温隔热和节约能源的一项新举措。

(四) 暖通空调系统节能

暖通空调系统的节能工作必须与建筑围护结构节能同步进行。目前多数采暖地区基本上以集中锅炉房或热电厂供热为主要采暖方式，由于燃煤仍是基本的供热方式，采暖供热系统既浪费了大量的能源，又造成了严重的空气污染。在传统采暖建筑中，供热管道都采用单管方式，无法对热量进行计量和调控，导致热量的严重浪费。因此，在采暖建筑中，应提高锅炉热效率和管道保温，将供热管道改为双管方式，并在室内安装热表及室温调控装置，实现供热计量收费，同时应结合当地的气候和能源条件，采用不同的采暖方式，如地板辐射采暖、地热采暖、电热采暖、燃气采暖和热泵采暖等[134]。在空调建筑中，除提高空调运行效率之外，应广泛采用变风量空调、变水量空调、蓄能空调和热泵空调等节能型空调[135]。

二、建筑节能试点示范工程

(一) 重庆“天奇花园”节能示范工程[136,137]

★ 节能技术措施：

(1) 墙体节能：采用 240mm 厚 KP_1 型页岩空心砖作为主要墙体材料，在外墙内表面及构造柱内外表面涂抹 20mm 膨胀珍珠岩保温砂浆，传热系数为 1.5W/(m^2·K)。

(2) 门窗节能：采用单框双玻型塑钢窗；采用高侧窗通风技术，即在满足人们坐姿和站姿景观视野的要求下，设置落地景观外窗并对之进行分段处理，即下部窗净高 2m，上部高窗设置塑钢通风百叶并加设推拉窗，以形成良好的通风效果。

(3) 屋面节能：采用蓄水覆土种植屋面，其由结构层、找平层、蓄水层、滤水层和种植层组成。

(4) 绿化节能：除小区内地面绿化和室内阳台绿化之外，对建筑物的西墙采取了专门的绿化措施，即在西墙上设计由柱子和圈梁组成的构架，并设置种植槽和集中喷灌系统，同时在绿化植被和墙面之间形成约 300mm 宽的空气间层，以加强散热性能，减轻西墙的日晒强度。

★ 节能成本分析：

与当地具有可比性的非节能建筑相比，“天奇花园”的节能投资增加额为 114.9 万元，占建安工程造价的 5.5%，节能增量成本分析可见表 7-8。

重庆“天奇花园”节能增量成本分析 单位：万元 **表 7-8**

	非节能建筑	天 奇 花 园	节能增量成本
外 墙	77.35	91	13.65
砂 浆	19.25	32.88	13.63
窗 户	112	179.2	67.2
屋 面	34.72	55.14	20.42
合 计	243.32	358.22	114.9

“天奇花园”小区的总建筑面积为 37416m^2，则分摊到单位建筑面积的

节能增量成本约为30.71元/m^2。

★ 节能效果分析：

“天奇花园”全年空调能耗为35.41kWh/m^2，当地普通住宅为75.47kWh/m^2。与非节能建筑相比，“天奇花园”达到节能53%的水平，超过了国家节能标准的要求。

(二) 济南“泉景·四季花园”节能示范工程[138]

★ 节能技术措施：

(1) 墙体节能：外墙采用250mm×250mm×600mm的加气混凝土砌块作为异形柱框架填充墙，传热系数为0.164W/(m^2·K)，外贴4cm厚EPS板进行外保温。

(2) 门窗节能：采用塑钢中空玻璃窗，窗框为高强度复合塑料窗框，内衬钢质骨架，具备轻质、坚固、抗腐蚀、耐老化、传热系数低等优点；中空玻璃规格为5+8+5，周边严密镶嵌黑色密封胶。

(3) 屋面节能：采用60mm聚氨酯作为屋面保温防水材料，密度≥40kg/m^3，传热系数≤0.023W/(m^2·K)，抗压强度≥0.2MPa，吸水率≤0.2kg/m^3，材料的保温、隔热及防水性能较优。

(4) 供暖系统节能：采用一户一台燃气小锅炉实行独立式地板辐射供暖，室内供暖系统由壁挂式小锅炉、分配器、地板环路、苯板隔热层和覆盖层组成，室内设置预控器，可对供暖温度、供暖时段进行自动控制。

★ 节能成本分析：

与当地具有可比性的非节能建筑相比，“泉景·四季花园”的节能投资增加额为302.61万元，占土建工程造价的4.4%，节能增量成本分析可见表7-9。

济南“泉景·四季花园”节能增量成本分析　　单位：万元　　表7-9

	非节能建筑	泉景·四季花园	节能增量成本
外　墙	201.37	218.08	16.71
内隔墙	201.37	380.24	178.87
钢　材	2649.60	2304.00	−345.60
窗　户	400.00	1000.00	600.00
屋　顶	36.68	48.00	11.32
供暖系统	1221.22	1063.54	−157.68
合　计	4710.24	5013.86	303.62

泉景·四季花园小区总建筑面积为 67100m^2，则分摊到单位建筑面积的节能增量成本约为 45.25 元/m^2。

★ 节能效果分析：

泉景·四季花园采用新型墙体材料，增大了房间的使用面积；采用燃气锅炉采暖，减少了空气污染，实现了供热计量收费；整个小区每年可节约采暖用煤 214.72t，节约烧砖用地 23.65 亩（约 15751m^2），节约烧砖用煤 888.73t，共节约土地和能源费用 274.9 万元。

（三）成都“锦西民园”节能示范工程[139]

“锦西民园”居住小区分两期建设完成，由于一期和二期的节能技术措施略有不同，因此将分别进行分析。

1.“锦西民园”一期工程

★ 节能技术措施：

(1) 墙体节能：采用 240mm 厚 KP_1 型页岩多孔砖作为主要墙体材料；外墙采用复合硅酸盐保温浆料内保温系统。

(2) 门窗节能：居室外窗为塑钢中空玻璃窗，其他房间外窗为塑钢单玻窗。

(3) 屋面节能：为倒置式屋顶，采用 50mm 厚憎水膨胀珍珠岩板作为保温层。

★ 节能成本分析：

与当地具有可比性的非节能建筑相比，“锦西民园”一期工程的节能投资增加额为 102.13 万元，占土建工程造价的 4.4%，节能增量成本分析可见表 7-10。

“锦西民园”一期工程节能增量成本分析 单位：万元 **表 7-10**

	墙 体	窗 户	屋 面	合 计
节能增量成本	23.68	49.92	28.53	102.13

“锦西民园”项目一期工程的总建筑面积为 31245.4m^2，则分摊到单位建筑面积的节能增量成本约为 32.69 元/m^2。

★ 节能效果分析：

对“锦西民园”一期工程进行热工性能检测的结果如下：外墙传热系数

为1.16～1.37，内隔墙传热系数为1.25，窗户传热系数为2.5，屋顶传热系数为0.95。各部位的实测结果均优于《夏热冬冷地区居住建筑节能设计标准》的规定，达到了建筑节能50%的要求。

2."锦西民园"二期工程

★ 节能技术措施：

(1) 墙体节能：分为砖混结构和框架结构两类，其中砖混结构采用240mm厚KP_1型页岩多孔砖作为主要墙体材料，框架结构采用250mm厚加气混凝土砌块作为主要墙体材料；外墙采用3种外保温系统：EPG(聚苯颗粒浆料)外墙外保温系统、复合硅酸盐板外墙外保温系统和EPS薄抹灰外墙外保温系统。

(2) 门窗节能：居室外窗为塑钢中空玻璃窗，其他房间外窗为塑钢单玻窗。

(3) 屋面节能：为倒置式屋顶，保温隔热材料以20mm厚挤塑板为主，50mm复合硅酸盐板及其他轻质保温材料为辅。

★ 节能成本分析：

由于"锦西民园"二期工程中采用了3种不同的外墙外保温系统，则节能增量成本也有所不同：

a) EPG外墙外保温系统

共有3幢住宅楼采用了该项外墙外保温技术，屋面采用挤塑板保温系统，均为砖混结构，节能投资增加额为82.41万元，占土建工程造价的7.5%，节能增量成本分析可见表7-11。

"锦西民园"二期工程节能增量成本分析

(EPG外墙外保温系统)　单位：万元　　**表7-11**

	墙体	窗户	屋面	合计
节能增量成本	50.58	22.55	9.28	82.41

"锦西民园"项目二期工程中采用EPG外墙外保温系统的住宅总建筑面积为13264.06m^2，则分摊到单位建筑面积的节能增量成本约为62.13元/m^2。

b) 复合硅酸盐板外墙外保温系统

有一幢住宅楼采用了该项外墙外保温技术，屋面采用复合硅酸盐板保温系统，均为砖混结构，节能投资增加额为 20.69 万元，占土建工程造价的 6.5%，节能增量成本分析可见表 7-12。

"锦西民园"二期工程节能增量成本分析

（复合硅酸盐板外墙外保温系统） 单位：万元 **表 7-12**

	墙 体	窗 户	屋 面	合 计
节能增量成本	12.26	6.51	1.92	20.69

"锦西民园"项目二期工程中采用复合硅酸盐板外墙外保温系统的住宅总建筑面积为 3831.55m²，则分摊到单位建筑面积的节能增量成本约为 54 元/m²。

c) EPS 薄抹灰外墙外保温系统

共有 11 幢住宅楼采用了该项外墙外保温技术，屋面采用挤塑板保温系统，其中 5 幢为砖混结构、6 幢为框架结构，节能投资增加额为 280.06 万元，占土建工程造价的 7.0%～7.8%(前者为框架结构，后者为砖混结构)，节能增量成本分析可见表 7-13。

"锦西民园"二期工程节能增量成本分析

（EPS 外墙外保温系统） 单位：万元 **表 7-13**

	墙 体	窗 户	屋 面	合 计
节能增量成本	176.5	73.44	30.12	280.06

"锦西民园"项目二期工程中采用 EPG 外墙外保温系统的住宅总建筑面积为 43023.67m²，则分摊到单位建筑面积的节能增量成本约为 65.09 元/m²。

★ 节能效果分析：

对"锦西民园"二期工程进行热工性能检测的结果如下：采用 EPG 外墙外保温系统的建筑，外墙传热系数为 1.16～1.24，内隔墙传热系数为 1.88～1.95，屋面传热系数为 0.94；采用复合硅酸盐板外墙外保温系统的建筑，外墙传热系数为 1.15～1.38，内隔墙传热系数为 1.83，屋面传热系数为 0.92；采用 EPS 薄抹灰外墙外保温系统的建筑，外墙传热系数为 0.81～0.96，内隔墙传热系数为 1.52，屋面传热系数为 0.94。各部位的实测结果均优于《夏热冬冷地区居住建筑节能设计标准》的规定，达到了建筑节能

50%的要求，其中采用EPS薄抹灰外墙外保温系统的节能效果最佳。

三、建筑节能经济激励政策案例研究

由于当前普通商品住宅仍实行政府指导价，为确保建筑节能经济激励政策的执行效力，本书以普通商品住宅为例，结合当前建筑节能工作的进展情况，拟定相应的案例，运用实证研究对刺激开发商建造节能住宅的可行性经济激励政策进行深入的研究与探讨。

首先，由于达到50%节能标准可采用不同的节能技术措施，相应的节能增量成本也会有所差别，因此可由以下几个方面推断得出本书拟定案例的第一个假设条件：即建造达到50%节能标准的节能住宅所需增加的成本占建安工程成本的比例在5%～10%的范围内，占住宅销售价格的比例在3%～5%范围内。

论据一：以上几个节能试点示范工程的实测数据表明，只要增加建安工程成本的5%～8%，就可以建造符合现阶段节能标准的节能住宅。

论据二：建设部建筑节能中心对几十家房地产开发企业的调查结果表明，建造节能住宅的节能增量成本大约在每平方米100元左右，占原商品住宅销售价格的3%～5%。

论据三：国家建筑节能技术标准明确规定，节能建筑的增量成本应不超过建安工程造价的10%。

论据四：当前中国城镇商品房的价格构成主要包括土地成本、建安成本、税费支出、开发企业利润等四部分，其中各部分在房价中所占的比重情况大致如下：第一，土地方面的成本。包括土地出让金、城市基础设施和各种配套费用等，大约占房价的20%～40%。第二，建安工程成本。包括勘察、设计等费用；材料、建筑、安装等费用；开发商的开发经营成本，即招投标费用、融资成本、管理费用等，大约占房价的40%。第三，税费支出。包括各种税费及手续费等，大约占房价的10%～20%。第四，房地产开发企业利润。大约占住房价格的15%～30%。

其次，结合当前各地区普通商品住宅的销售价格，本书设定非节能型普通商品住宅的销售价格区间为每平方米2000元～5000元。

(一) 案例拟定

建筑物类型为采暖地区新建造的节能型普通商品住宅(符合节能50%的

要求)，使用寿命为 50 年，其他假设条件如下：

假设条件一：非节能商品住宅的销售价格分为 2000 元、3000 元、4000 元和 5000 元四个类别，其中建安成本占房价的 40%；

假设条件二：设开发商建造节能住宅需增加的成本投入可能会占到非节能商品住宅销售价格的 2%、3%、4%和 5%；

假设条件三：参照当前部分城市中普通住宅的实际销售利润率，设本书中节能住宅的销售利润率为 20%；

假设条件四：本书只考虑建筑节能对采暖能耗的影响，实测结果表明采暖地区非节能住宅的年采暖耗煤量约为 25kg/m^2[129]，而节能住宅可降低 50%的能耗，则新建造的节能住宅年采暖耗煤量约为 12.5kg/m^2；

假设条件五：选用部分代表城市在 2004—2005 年采暖期内普通住宅的实际采暖费用，求得年均采暖费用约为 20 元/m^{2}❶，因这些城市已达到第一阶段(节能 30%)的标准，由此推断在当前的物价水平下，达到节能 50%标准的节能住宅与非节能住宅相比，每年至少可为消费者节约采暖费用 14 元/m^2。

假设条件六：鉴于 20 世纪 90 年代初实施的固定资产投资方向调节税曾对建筑节能工作发挥了明显的推动作用，引导了房地产开发的投资方向，促进了节能建筑的开发和建造，因此本书建议对非节能住宅恢复征收固定资产投资方向调节税，税率暂定为 5%。

根据上述假设可计算得出不同条件下相对应的节能型普通商品住宅的增量成本及增量销售价格的区间范围(见表 7-14 和表 7-15)。

不同条件下节能住宅的增量成本 单位：元/m^2 **表 7-14**

非节能住宅销售价格 / 节能增量成本比例	2000	3000	4000	5000
3%	60	90	120	150
4%	80	120	160	200
5%	100	150	200	250

❶ 选取几个代表城市非燃气(油)锅炉的年采暖费用平均计算得出，其中代表城市相关数据为：天津市 20 元/m^2，北京市 16.5 元/m^2 至 24 元/m^2 不等，济南市 22.2 元/m^2，青岛市 24 元/m^2，威海市 23 元/m^2，石家庄市 18.4 元/m^2，沈阳市 19.8 元/m^2 至 21 元/m^2 不等，临沂市 20 元/m^2，日照市 19.5 元/m^2，济宁市 20 元/m^2。

不同条件下节能住宅的增量价格　单位：元/m²　表 7-15

非节能住宅销售价格 节能增量成本比例	2000	3000	4000	5000
3%	150	225	300	375
4%	200	300	400	500
5%	250	375	500	625

注：表中数据根据增量成本为增量价格的 40%计算得出。

(二) 新建采暖居住建筑节能经济激励政策方案构想

1. 方案设计原则

设计和制定建筑节能经济激励政策时，应遵循下列原则，以确保经济激励政策的实施能促进建筑节能工作的快速发展。

(1) 可行性原则

对于涉及的相关主体而言，建筑节能经济激励政策首先应具备可行性，政策的制定应做到符合市场经济运行机制、适合建筑节能和社会经济发展现状以及充分考虑到实施过程中可能遇到的风险及解决办法，确保能够在实践中得以顺利推行。

(2) 有效性原则

政策即是为达到某一特定目标而采取的各项举措。如果政策所发挥的作用是无效的，那么预期目标将无法实现，因此必须确保建筑节能经济激励政策是有效的，即通过政策的实施能够有步骤、按计划地达到建筑节能的阶段性目标，以期最终实现全社会的可持续发展。

(3) 灵活性原则

由于建筑节能涉及众多生产、消费环节和领域，且与建筑物所处地区的自然、经济、社会条件等因素密切相关，因此建筑节能经济激励政策应具备灵活性和多样性，能够随着公众节能意识、节能技术和产品、节能投资等因素的变化及政策实施效果的反馈，及时进行调整和修改，结合建筑节能市场的不同阶段，充分发挥经济杠杆的积极作用。

(4) 全局性原则

以往的建筑活动是以牺牲生态利益为代价来实现经济和社会效益的，现今在以可持续发展为各项活动指导思想的基础上，必须从“能源—经济—环境”一体化系统协调发展的角度来设计和制定建筑节能经济激励政策，才能确保经济效益、社会效益和生态效益的共同实现，即政策的设计和制定应从整体性、全局性的角度来考虑问题。

(5) 最优性原则

由于实现目标的手段是多种多样的，建筑节能经济激励政策的设计过程中也会存在多项备选方案，因此需要采用诸如成本效益分析、投资回收期和收益率等相关评价指标，对备选方案进行比较和分析，从中选择最优的政策方案，以加快建筑节能的步伐、促进预期目标的早日实现。

2. 政策方案拟定

如表 7-16 所示，拟定如下建筑节能经济激励政策方案。

建筑节能经济激励政策方案设计 表 7-16

方案代码	政策含义
Ⅰ财政补贴政策	
PA1-1	政府向购买节能住宅的消费者提供节能增量成本 30%的补贴
PA1-2	政府向购买节能住宅的消费者提供节能增量成本 40%的补贴
PA1-3	政府向购买节能住宅的消费者提供节能增量成本 50%的补贴
PA2-1	政府向开发节能住宅的企业提供节能增量成本 30%的补贴
PA2-2	政府向开发节能住宅的企业提供节能增量成本 40%的补贴
PA2-3	政府向开发节能住宅的企业提供节能增量成本 50%的补贴
Ⅱ税收优惠政策	
PB1-1	对开发企业减征固定资产投资方向调节税(税率为 3%)
PB1-2	对开发企业免征固定资产投资方向调节税
PB1-3	对开发企业减半征收所得税＋减征固定资产投资方向调节税(税率为 3%)
PB1-4	对开发企业减半征收所得税＋免征固定资产投资方向调节税
PB1-5	对开发企业免征所得税＋减征固定资产投资方向调节税(税率为 3%)
PB1-6	对开发企业免征所得税＋免征固定资产投资方向调节税
Ⅲ组合政策	
PC1-1	向开发企业提供增量成本 30%的补贴＋减征固定资产投资方向调节税(税率为 3%)
PC1-2	向开发企业提供增量成本 30%的补贴＋免征固定资产投资方向调节税
PC1-3	向开发企业提供增量成本 30%的补贴＋减半征收所得税＋减征固定资产投资方向调节税(税率为 3%)
PC1-4	向开发企业提供增量成本 30%的补贴＋减半征收所得税＋免征固定资产投资方向调节税

续表

方案代码	政策含义
Ⅲ组合政策	
PC1-5	向开发企业提供增量成本30%的补贴＋免征所得税＋减征固定资产投资方向调节税(税率为3%)
PC1-6	向开发企业提供增量成本30%的补贴＋免征所得税＋免征固定资产投资方向调节税
PC2-1	向开发企业提供增量成本40%的补贴＋减征固定资产投资方向调节税(税率为3%)
PC2-2	向开发企业提供增量成本40%的补贴＋免征固定资产投资方向调节税
PC2-3	向开发企业提供增量成本40%的补贴＋减半征收所得税＋减征固定资产投资方向调节税(税率为3%)
PC2-4	向开发企业提供增量成本40%的补贴＋减半征收所得税＋免征固定资产投资方向调节税
PC2-5	向开发企业提供增量成本40%的补贴＋免征所得税＋减征固定资产投资方向调节税(税率为3%)
PC2-6	向开发企业提供增量成本40%的补贴＋免征所得税＋免征固定资产投资方向调节税
PC3-1	向开发企业提供增量成本50%的补贴＋减征固定资产投资方向调节税(税率为3%)
PC3-2	向开发企业提供增量成本50%的补贴＋免征固定资产投资方向调节税
PC3-3	向开发企业提供增量成本50%的补贴＋减半征收所得税＋减征固定资产投资方向调节税(税率为3%)
PC3-4	向开发企业提供增量成本50%的补贴＋减半征收所得税＋免征固定资产投资方向调节税
PC3-5	向开发企业提供增量成本50%的补贴＋免征所得税＋减征固定资产投资方向调节税(税率为3%)
PC3-6	向开发企业提供增量成本50%的补贴＋免征所得税＋免征固定资产投资方向调节税

(三) 建筑节能经济激励政策方案评价

1. 技术经济评价指标

经济效益指人们在物质生产活动或技术改革活动中，消耗一定的活劳动和物化劳动后所能实际取得的符合社会需要的产品数量的大小。一项政策是否具有可行性，必须从全社会整体利益的角度出发，判断政策的实施是否能够带来经济效益的增加。本书中所设计的各项方案之间为互斥关系，因此需以净效益或成本效益比作为方案的技术经济评价指标。

$$净效益=总效益折现值-总成本折现值$$

当净效益指标值大于或等于 0 时，方案可行；当净效益指标值小于 0 时，方案不可行。

$$成本效益比=\frac{总效益折现值}{总成本折现值}$$

当成本效益比指标值大于或等于 1 时，方案可行；当成本效益比指标值小于 1 时，方案不可行。

本书选用成本效益比指标进行各项方案的可行性评价，其中成本和效益指标分别为节能住宅与非节能住宅相比的增量成本和增量效益。

2. 政策相关主体成本效益分析

(1) 政府的成本效益分析

1) 增量成本

政府的增量成本主要是针对节能住宅在采取不同激励措施时所投入的财政支出或减少的财政收入。

2) 增量效益

政府获得的增量效益主要是税收效益、环境效益和社会效益。由于社会效益中各影响因素关系错综复杂，难以进行定量核算，因此本书只限于税收效益和环境效益的量化和分析。

首先，税收增量效益的量化。房地产开发过程中涉及的税种包括：营业税、城建税、教育费附加，土地增值税、房产税、印花税和契税，以及本书中建议征收的固定资产投资方向调节税等。与非节能住宅相比，节能住宅的开发由于建安工程造价发生变化，将导致房屋销售价格、销售利润等发生变化，可能引起营业税、城建税、教育费附加、固定资产投资方向调节税和所得税等税种的变动，因此政府获得的税收增量效益等于上述几类税种上缴税额的变动总和。

其次，环境增量效益的量化。由于当前中国仍以煤为主要的能源品种，因此本书着重探讨煤节约所带来的环境改善。煤燃烧排放的污染物主要有：SO_2、CO、氮氧化合物、碳氢化合物和烟尘等。利用《中国排污收费制度改革与设计》中设定的排污收费标准，可计算出节能住宅因采暖耗煤量的节约而增加的环境效益(见表 7-17)。

节能住宅的环境增量效益 表 7-17

污染物	1kg 煤燃烧的污染排放量① (kg)	污染排放收费标准② (元/kg)	煤节约量 (kg/m^2)	环境增量效益 (元/m^2)
SO_2	0.06	1.26	12.5	0.945
CO	0.0227	0.25	12.5	0.071
NO_x	0.0036	2.00	12.5	0.090
HC	0.005	0.80	12.5	0.050
烟尘	0.011	0.55	12.5	0.076

注：① 王荣光，沈天行. 可再生能源利用与建筑节能［M］. 北京：机械工业出版社，2004。

② 杨金田，王金南. 中国排污收费制度改革与设计［M］. 北京：中国环境科学出版社，1998。

由表 7-17 可知，政府每年可从节能住宅中获得的环境增量总效益为 1.232 元/m^2。结合当前中国的经济形势，依据“中国社会折现率研究与参数测算课题组”的结论，将目前中国社会折现率的取值确定为 8%[140]，则节能住宅在其 50 年寿命期内环境增量效益的折现值为 15.066 元/m^2。

(2) 消费者的成本效益分析

1) 增量成本

即消费者因购买节能住宅，而增加的投资支出以及交纳的税费(本书只考虑契税，税率为 3%)。

2) 增量效益

包括两部分：一部分是由于国家实施经济激励政策，给购买节能住宅的消费者提供的补贴金额；另一部分是消费者因购买节能住宅，而在未来使用期间内节约的能源费用，本书只考虑采暖费用的降低，即在当前的物价水平下，节能住宅每年可节约的费用为 14 元/m^2，折现值为 171.26 元/m^2。

(3) 开发商的成本效益分析

1) 增量成本

即开发商因建造节能建筑而增加的成本费用，主要是建安成本的变动。

2) 增量效益

同样也包括两部分：一部分是由于国家实施经济激励政策，给开发节能住宅的企业提供的补贴或税收优惠金额；另一部分是开发商销售节能住宅所获得的增量收入。

3. 设计方案的分析与评价

由于房地产开发商是利益最大化的追逐者，只要销路顺畅，其建造符合标准的节能住宅所带来的增量效益将远远超过增量成本，因此，本书主要从政府和消费者的角度对各设计方案进行技术经济分析与评价。

(1) 政府的成本效益比指标计算

各项方案的成本效益比指标值如表 7-18、表 7-19 和表 7-20 所示。

财政补贴方案的成本效益比(政府方面) **表 7-18**

方案代码	非节能住宅销售价格 节能增量成本比例	2000(元/m^2)	3000(元/m^2)	4000(元/m^2)	5000(元/m^2)
PA1-1	3%	2.2320	1.9530	1.8135	1.7298
	4%	2.0227	1.8135	1.7089	1.6461
	5%	1.8972	1.7298	1.6461	1.5959
PA1-2	3%	1.6665	1.4573	1.3526	1.2899
	4%	1.5096	1.3526	1.2742	1.2271
	5%	1.4154	1.2898	1.2271	1.1894
PA1-3	3%	1.3272	1.1598	1.0761	1.0259
	4%	1.2016	1.0761	1.0133	0.9757
	5%	1.1263	1.0259	0.9757	0.9455
PA2-1	3%	1.8345	1.5555	1.4160	1.3323
	4%	1.6252	1.4160	1.3114	1.2486
	5%	1.4997	1.3323	1.2486	1.1984
PA2-2	3%	1.2690	1.0597	0.9551	0.8923
	4%	1.1121	0.9551	0.8767	0.8296
	5%	1.0179	0.8923	0.8296	0.7919
PA2-3	3%	0.9297	0.7623	0.6786	0.6284
	4%	0.8041	0.6786	0.6158	0.5782
	5%	0.7288	0.6284	0.5782	0.5480

税收优惠方案的成本效益比(政府方面) **表 7-19**

方案代码	非节能住宅销售价格 节能增量成本比例	2000(元/m^2)	3000(元/m^2)	4000(元/m^2)	5000(元/m^2)
PB1-1	3%	22.6198	19.8299	18.4349	17.5979
	4%	20.5274	18.4349	17.3887	16.7610
	5%	19.2719	17.5979	16.7610	16.2588

续表

方案代码	非节能住宅销售价格 / 节能增量成本比例	2000（元/m²）	3000（元/m²）	4000（元/m²）	5000（元/m²）
PB1-2	3%	13.5719	11.8979	11.0610	10.5588
	4%	12.3164	11.0610	10.4332	10.0566
	5%	11.5631	10.5588	10.0566	9.7553
PB1-3	3%	6.0320	5.2880	4.9160	4.6928
	4%	5.4740	4.9160	4.6370	4.4696
	5%	5.1392	4.6928	4.4696	4.3357
PB1-4	3%	5.1215	4.4898	4.1739	3.9844
	4%	4.6477	4.1739	3.9371	3.7949
	5%	4.3634	3.9844	3.7949	3.6812
PB1-5	3%	3.4799	3.0508	2.8361	2.7074
	4%	3.1581	2.8361	2.6752	2.5786
	5%	2.9649	2.7074	2.5786	2.5013
PB1-6	3%	3.1563	2.7670	2.5723	2.4555
	4%	2.8643	2.5723	2.4263	2.3387
	5%	2.6891	2.4555	2.3387	2.2687

组合方案的成本效益比（政府方面）　　　表 7-20

方案代码	非节能住宅销售价格 / 节能增量成本比例	2000（元/m²）	3000（元/m²）	4000（元/m²）	5000（元/m²）
PC1-1	3%	1.7145	1.4537	1.3234	1.2451
	4%	1.5189	1.3234	1.2256	1.1669
	5%	1.4016	1.2451	1.1669	1.1199
PC1-2	3%	1.6428	1.3930	1.2681	1.1931
	4%	1.4554	1.2681	1.1744	1.1181
	5%	1.3430	1.1931	1.1182	1.0732
PC1-3	3%	1.4531	1.2321	1.1216	1.0553
	4%	1.2873	1.1216	1.0387	0.9890
	5%	1.1879	1.0553	0.9890	0.9492
PC1-4	3%	1.4013	1.1882	1.0816	1.0177
	4%	1.2414	1.0816	1.0017	0.9537
	5%	1.1455	1.0177	0.9537	0.9154

续表

方案代码	非节能住宅销售价格 / 节能增量成本比例	2000（元/m^2）	3000（元/m^2）	4000（元/m^2）	5000（元/m^2）
PC1-5	3%	1.2608	1.0691	0.9732	0.9157
	4%	1.1170	0.9732	0.9013	0.8581
	5%	1.0307	0.9157	0.8581	0.8236
PC1-6	3%	1.2216	1.0358	0.9429	0.8872
	4%	1.0823	0.9429	0.8733	0.8315
	5%	0.9987	0.8872	0.8315	0.7980
PC2-1	3%	1.2143	1.0141	0.9140	0.8539
	4%	1.0642	0.9140	0.8389	0.7938
	5%	0.9741	0.8539	0.7938	0.7578
PC2-2	3%	1.1805	0.9858	0.8885	0.8301
	4%	1.0345	0.8885	0.8155	0.7717
	5%	0.9469	0.8301	0.7717	0.7367
PC2-3	3%	1.0858	0.9067	0.8172	0.7635
	4%	0.9515	0.8172	0.7501	0.7098
	5%	0.8709	0.7635	0.7098	0.6776
PC2-4	3%	1.0586	0.8840	0.7968	0.7444
	4%	0.9277	0.7968	0.7313	0.6920
	5%	0.8491	0.7444	0.6920	0.6606
PC2-5	3%	0.9818	0.8199	0.7390	0.6904
	4%	0.8604	0.7390	0.6783	0.6418
	5%	0.7875	0.6904	0.6418	0.6127
PC2-6	3%	0.9595	0.8013	0.7222	0.6747
	4%	0.8409	0.7222	0.6629	0.6273
	5%	0.7697	0.6747	0.6273	0.5988
PC3-1	3%	0.9026	0.7401	0.6588	0.6101
	4%	0.7807	0.6588	0.5979	0.5613
	5%	0.7076	0.6101	0.5613	0.5321
PC3-2	3%	0.8854	0.7260	0.6463	0.5985
	4%	0.7659	0.6463	0.5865	0.5506
	5%	0.6941	0.5985	0.5506	0.5219

续表

方案代码	非节能住宅销售价格 / 节能增量成本比例	2000 (元/m^2)	3000 (元/m^2)	4000 (元/m^2)	5000 (元/m^2)
PC3-3	3%	0.8357	0.6852	0.6099	0.5648
	4%	0.7228	0.6099	0.5535	0.5197
	5%	0.6551	0.5648	0.5197	0.4926
PC3-4	3%	0.8209	0.6731	0.5992	0.5549
	4%	0.7101	0.5992	0.5438	0.5105
	5%	0.6435	0.5549	0.5105	0.4839
PC3-5	3%	0.7780	0.6379	0.5679	0.5258
	4%	0.6729	0.5679	0.5153	0.4838
	5%	0.6099	0.5258	0.4838	0.4586
PC3-6	3%	0.7652	0.6274	0.5585	0.5172
	4%	0.6618	0.5585	0.5068	0.4758
	5%	0.5998	0.5172	0.4758	0.4511

结果分析：

第一，政府在制定政策时，也需从国家经济利益角度出发，选择成本效益比大于1的方案，这样才能推动经济的增长和社会的进步，否则一味的扩大投入将使国家财政收入遭受重大损失，因此，本书研究所拟定的方案中，PA2-5、PC2-6、PC3-1、PC3-2、PC3-3、PC3-4、PC3-5和PC3-6等方案在当前的经济形势下均不具备可行性。

第二，节能增量成本越低，可供政府选择运用的经济激励措施越多，激励效果越显著；而当节能增量成本过高时，政府在有限的财力约束下，将无法对建筑节能工作提供良好的扶持措施。因此，在政府采取政策扶持措施的同时，需加强节能技术和节能产品的研究开发和推广应用工作，通过提高技术成熟度和扩大生产规模来降低建筑节能的增量成本。

第三，单一的经济激励政策对政府来说具有较好的成本效益，尤其是税收优惠政策，但这些政策恐怕难以产生较强的激励作用，达不到快速推动建筑节能战略实施的目的；而多种政策的组合，将对开发商产生高强度激励作用，有利于建筑节能市场的发展和壮大。

(2) 消费者的成本效益比指标计算

各项方案的成本效益比指标值如表 7-21 所示。

财政补贴方案的成本效益比（消费者方面） 表 7-21

方案代码	非节能住宅销售价格 / 节能增量成本比例	2000（元/m²）	3000（元/m²）	4000（元/m²）	5000（元/m²）
PA1-1	3%	1.2597	0.8398	0.6298	0.5039
	4%	0.9447	0.6298	0.4724	0.3779
	5%	0.7558	0.5039	0.3779	0.3023
PA1-2	3%	1.3196	0.8798	0.6598	0.5279
	4%	0.9897	0.6598	0.4949	0.3959
	5%	0.7918	0.5279	0.3959	0.3167
PA1-3	3%	1.3856	0.9237	0.6928	0.5543
	4%	1.0392	0.6928	0.5196	0.4157
	5%	0.8314	0.5543	0.4157	0.3325
PA2-1	3%	1.5836	1.0557	0.7918	0.6334
	4%	1.1877	0.7918	0.5938	0.4751
	5%	0.9501	0.6334	0.4751	0.3801
PA2-2	3%	1.8475	1.2317	0.9237	0.7390
	4%	1.3856	0.9237	0.6928	0.5543
	5%	1.1085	0.7390	0.5543	0.4434
PA2-3	3%	2.2170	1.4780	1.1085	0.8868
	4%	1.6627	1.1085	0.8314	0.6651
	5%	1.3302	0.8868	0.6651	0.5321

结果分析：

第一，对于消费者而言，当前购买节能住宅的制约因素主要是自身购买能力与住宅销售价格之间的差距，若差距较大且在短期内难以弥补，则不会选择价格较高的节能住宅；若差距较小且在短期内可以弥补，则会优先选择节约型、健康型、环保型的节能住宅。

第二，政府提供的补贴越多，则消费者的购买愿望越强烈，但政府的补贴额是以财政能力为最高限度的。由于在当前状况下，政府对开发商提供成本费用的补贴能大幅度地降低节能住宅的销售价格，因此激励效果将优于政府直接对消费者在购房价格上提供的补贴。

4. 设计方案选择

当前建筑节能工作所遇到的阻碍主要在于节能建筑的价格略高于非节能建筑。由于在世界各国中，中国居民所面临的房价收入比相对较高，消费者的购房负担已经过于沉重，因而在进行房屋性能和价格方面的比较时，价格低廉仍然是影响购房决策的主要因素。此时若无政府的扶持和激励，消费者缺乏购买价格更为昂贵的节能建筑的积极性，而在以需求为导向的房地产市场上，节能建筑需求乏力，开发商则难以主动扩大节能建筑的建设规模。因此，需要国家给予相应的财政补贴或税收优惠，促使开发商通过成本费用的补偿来降低销售价格，鼓励消费者购买节能建筑，扩大节能建筑的销路，为企业带来更多的增量利润，以经济利益驱使开发商积极主动地开发建设节能建筑，才能最终早日达到建筑节能战略的预计目标。

结合设计方案的技术经济分析结果，综合考虑政府、开发商和消费者等各方主体的利益，本书提出了针对节能增量成本处于不同区间内可行的建筑节能经济激励政策(见表 7-22)。

建筑节能经济激励政策方案选择　　表 7-22

成本区间	方案代码	政策含义
60 元/m²≤节能增量成本<100 元/m²	PC2-1	向开发企业提供增量成本 40%的补贴(24 元/m²～40 元/m²)+减征固定资产投资方向调节税(税率为 3%)
	PC1-6	向开发企业提供增量成本 30%的补贴(18 元/m²～30 元/m²)+免征所得税+免征固定资产投资方向调节税
	PA2-2	向开发企业提供增量成本 40%的补贴(24 元/m²～40 元/m²)
	PC1-5	向开发企业提供增量成本 30%的补贴(18 元/m²～30 元/m²)+免征所得税+减征固定资产投资方向调节税(税率为 3%)
	PC2-2	向开发企业提供增量成本 40%的补贴(24 元/m²～40 元/m²)+免征固定资产投资方向调节税
	PA1-3	向购房者提供节能增量成本 50%的补贴(30 元/m²～50 元/m²)
	PC1-4	向开发企业提供增量成本 30%的补贴(18 元/m²～30 元/m²)+减半征收所得税+免征固定资产投资方向调节税
	PC1-3	向开发企业提供增量成本 30%的补贴(18 元/m²～30 元/m²)+减半征收所得税+减征固定资产投资方向调节税(税率为 3%)
	PC1-2	向开发企业提供增量成本 30%的补贴(18 元/m²～30 元/m²)+免征固定资产投资方向调节税
	PC1-1	向开发企业提供增量成本 30%的补贴(18 元/m²～30 元/m²)+减征固定资产投资方向调节税(税率为 3%)

续表

成本区间	方案代码	政策含义
60元/m²≤节能增量成本<100元/m²	PA1-2	向购房者提供节能增量成本40%的补贴(24元/m²～40元/m²)
	PA2-1	向开发企业提供增量成本30%的补贴(18元/m²～30元/m²)
	PA1-1	向购房者提供增量成本30%的补贴(18元/m²～30元/m²)
	PB1-6	对开发企业免征所得税＋免征固定资产投资方向调节税
	PB1-5	对开发企业免征所得税＋减征固定资产投资方向调节税(税率为3%)
	PB1-4	对开发企业减半征收所得税＋免征固定资产投资方向调节税
	PB1-3	对开发企业减半征收所得税＋减征固定资产投资方向调节税(税率为3%)
	PB1-2	对开发企业免征固定资产投资方向调节税
	PB1-1	对开发企业减征固定资产投资方向调节税(税率为3%)
100元/m²≤节能增量成本<150元/m²	PC1-4	向开发企业提供增量成本30%的补贴(30元/m²～45元/m²)＋减半征收所得税＋免征固定资产投资方向调节税
	PA1-3	向购房者提供节能增量成本50%的补贴(50元/m²～75元/m²)
	PC1-3	向开发企业提供增量成本30%的补贴(30元/m²～45元/m²)＋减半征收所得税＋减征固定资产投资方向调节税(税率为3%)
	PC1-2	向开发企业提供增量成本30%的补贴(30元/m²～45元/m²)＋免征固定资产投资方向调节税
	PC1-1	向开发企业提供增量成本30%的补贴(30元/m²～45元/m²)＋减征固定资产投资方向调节税(税率为3%)
	PA1-2	向购房者提供节能增量成本40%的补贴(40元/m²～60元/m²)
	PA2-1	向开发企业提供增量成本30%的补贴(30元/m²～45元/m²)
	PA1-1	向购房者提供增量成本30%的补贴(30元/m²～45元/m²)
	PB1-6	对开发企业免征所得税＋免征固定资产投资方向调节税
	PB1-5	对开发企业免征所得税＋减征固定资产投资方向调节税(税率为3%)
	PB1-4	对开发企业减半征收所得税＋免征固定资产投资方向调节税
	PB1-3	对开发企业减半征收所得税＋减征固定资产投资方向调节税(税率为3%)
	PB1-2	对开发企业免征固定资产投资方向调节税
	PB1-1	对开发企业减征固定资产投资方向调节税(税率为3%)
节能增量成本≥150元/m²	PC1-2	向开发企业提供增量成本30%的补贴(45元/m²以上)＋免征固定资产投资方向调节税
	PC1-1	向开发企业提供增量成本30%的补贴(45元/m²以上)＋减征固定资产投资方向调节税(税率为3%)

续表

成本区间	方案代码	政策含义
节能增量成本≥150元/m²	PA1-2	向购房者提供节能增量成本40%的补贴(60元/m²以上)
	PA2-1	向开发企业提供增量成本30%的补贴(45元/m²以上)
	PA1-1	向购房者提供增量成本30%的补贴(45元/m²以上)
	PB1-6	对开发企业免征所得税＋免征固定资产投资方向调节税
	PB1-5	对开发企业免征所得税＋减征固定资产投资方向调节税(税率为3%)
	PB1-4	对开发企业减半征收所得税＋免征固定资产投资方向调节税
	PB1-3	对开发企业减半征收所得税＋减征固定资产投资方向调节税(税率为3%)
	PB1-2	对开发企业免征固定资产投资方向调节税
	PB1-1	对开发企业减征固定资产投资方向调节税(税率为3%)

注：可行方案按激励效果由强到弱排序。

中国幅员辽阔，各个地区的自然条件、经济状况、技术水平、居民文化素质和生活质量差异较大，不同地区间的建筑节能工作处于不同的阶段，建造节能建筑的增量成本也有所不同，因此，在本书研究的基础上，希望各级地方政府能够遵循本区域的经济发展水平和建筑节能实际情况，或者针对达到不同节能标准的建筑，合理选择不同的建筑节能经济激励政策，以尽快促进当地建筑节能工作的开展。

参 考 文 献

[1] 国际能源署. 世界能源展望 2001——为促进明天的发展而评价今天的供应 [M]. 北京：地质出版社，2002

[2] 李曙光. 浅谈我国建筑节能现状与对策 [J]. 应用能源技术，2003(1)：1～3

[3] 邵赤平. 西方资源经济理论研究 [D]. 武汉大学博士学位论文，1998

[4] Ciriacy Wantrup. *Resource Conservation：Economics and Policies* [M]. California：University of California Press，1952

[5] R. 卡逊. 寂静的春天 [M]. 北京：科学出版社，1979

[6] 王干梅. 生态经济理论与实践 [M]. 四川：四川社会科学院出版社，1988

[7] 舒尔茨·西奥多·威廉. 经济增长与农业 [M]. 北京：北京经济学院出版社，1991

[8] Pigou A. C. *The Economics of Welfare* [M]. London：Macmillan，1920

[9] Coase Ronald. The Problem of Social Cost [J]. *The Journal of Law and Economics*，1960(10)：3

[10] Dales J. H. *Pollution，Property and Prices* [M]. Toronto：University of Toronto Press，1968

[11] 丹尼斯·L·米都斯. 增长的极限 [M]. 北京：商务印书馆，1984

[12] C. J. Cleverland，R. Costanza，C. A. S. Hall and R. K. Kaufmann. Energy and the US Economy：A Biophysical Perspective [J]. *Science*，1984(7)：890～897

[13] M·G·韦布，M·J·里基茨. 能源经济学 [M]. 四川：西南财经大学出版社，1987

[14] James M. Griffin，Henry B. Steele. *Energy Economics and Policy* [M]. Orlando：Academic Press Inc.，1986

[15] Rosa，Eugene A，Gary E. Machlis and Kenneth M. Keating. Energy and Society [J]. *Annual Review of Sociology*，1988(1)：149～172

[16] Winett and Richard. Behavioral Science and Energy Conservation：Conceptualizations，Strategies，Outcomes，Energy Policy Applications [J]. *Journal of Economic Psychology*，1983(3)：203～229

[17] Decanio S. I. Barriers within firms to energy-efficient investments [J]. *Energy Policy*, 1993(8): 906～914

[18] Henri L. F de Groot, Erik T. Verhoef and Peter Nijkamp. Energy saving by firms: decision-making, barriers and policies [J]. *Energy Economics*, 2001(6): 717～740

[19] Jeffrey A. Drezner. *Designing Effective Incentives for Energy Conservation in the Public Sector* [M]. California: Doctor Dissertation of The Claremont Graduate University, 1999

[20] David I. Stern. Energy and economic growth in the USA: A multivariate approach [J]. *Energy Economics*, 1993(2): 30～38

[21] Kraft J. On the relationship between energy and GNP [J]. *Journal of Energy Development*, 1978(3): 401～403

[22] Glasure Y. U., Lee A. R. Cointegration, error-correction, and the relationship between GDP and energy: the case of South Korea and Singapore [J]. *Resource and Energy Economics*, 1997(3): 17～25

[23] John Asafu-Adjaye. The relationship between energy consumption, energy prices and economic growth: time series evidence from Asian developing countries [J]. *Energy Economics*, 2000(6): 615～625

[24] Beausejour L., Gordon L., Smart M. A CGE approach to modeling carbon dioxide emissions control in Canada and the United States [J]. *World Economics*, 1995(4): 457～488

[25] Schlegelmilch K. Energy taxation in the EU and some Member States: Looking for opportunities ahead [J]. Manuscript from Wuppertal Institute, http: //www. wupperinst. org

[26] Jorgen Sjodin. Modelling the impact of energy taxation [J]. *International Journal of Energy Research*, 2002(4): 475～494

[27] Gustafsson SI, Karlsson BG. Life-cycle cost minimization considering retrofits in multi-family residences [J]. *Energy and Buildings*, 1989(1): 9～17

[28] M. W. Ellis, E. H. Mathews. Needs and trends in building and HVAC system design tools [J]. *Building and Environment*, 2002(5): 461～470

[29] Lorna A. Greening, Michael Ting, Thomas J and Krackler. Effects of changes in residential end-uses and behavior on aggregate carbon intensity: comparison of 10 OECD countries for the period 1970 through 1993 [J]. *Energy Economics*, 2001

(1)：153～178

[30] Tiwari，Piyush. Energy efficiency and building construction in India [J]. *Building and Environment*，2001(10)：1127～1135

[31] Bjorn Rolfsman. CO_2 emission consequences of energy measures in buildings [J]. *Building and Environment*，2002(12)：1421～1430

[32] Thormark，Catarina. A low energy building in a life cycle-its embodied energy，energy need for operation and recycling potential [J]. *Building and Environment*，2002(4)：429～435

[33] 高世宪. 日本能源领域新举措及对我国的启示 [J]. 中国能源，2003(4)：30～33

[34] 国家经贸委. 发达国家可再生能源政策及启示 [J]. 中国经济信息，2001(1)：34～35

[35] 蒯茗. 国外部分国家可再生能源政策及对我们的启示 [J]. 中国能源，2000(6)：15～17

[36] 张玉清，杨青. 美国政府的能源政策及其对我启示 [J]. 中国能源，2002(3)：11～14

[37] 李京文. 能源、环境与中国经济增长 [J]. 数量经济与技术经济研究，1994(1)：16～21

[38] 朱达. 能源—环境的经济分析与政策研究 [M]. 北京：中国环境科学出版社，2000

[39] 郑玉歆，马纲. 在中国征收碳税、实行 CO_2 减排对国民经济的影响：一个静态CGE分析. 汪同三主编，数量经济学前沿 [M]. 北京：社会科学文献出版社，2001. 511～534

[40] 雷明. 中国资源—能源—经济—环境综合投入产出表及绿色税费核算分析 [J]. 东南学术，2001(4)：64～74

[41] 蒋金荷，姚愉芳. 气候变化政策研究中经济—能源系统模型的构建 [J]. 数量经济技术经济研究，2002(7)：41～45

[42] 简明大英百科全书(6) [M]. 台湾中华书局印行，1988. 676～677

[43] 朱亚杰，孙兴文. 能源世界之窗 [M]. 北京：清华大学出版社；广州：暨南大学出版社，2001

[44] 甘师俊. 可持续发展——跨世纪的抉择 [M]. 广州：广东科技出版社；北京：中共中央党校出版社，1997

[45] Redclift. M. *Sustainable Development*：*Exploring the Contradictions* [M]. London：Methuen，1987

[46] 世界环境与发展委员会. 我们共同的未来 [M]. 王之佳，柯金良译. 长春：吉林

人民出版社，1997

[47] 毕思文. 地球系统科学与可持续发展 [M]. 北京：地质出版社，1998

[48] 刘东辉. 从“增长的极限”到“持续发展”. 北京大学中国持续发展中心编. 可持续发展之路 [M]. 北京：北京大学出版社，1994. 33～37

[49] 张坤民. 可持续发展论 [M]. 北京：中国环境科学出版社，1997

[50] 宋健. 走可持续发展道路是中国的必然选择 [J]. 环境保护，1996(5)：2～4

[51] 刘培哲. 可持续发展对人类前途命运的回答 [J]. 安徽科技，2003(3)：20～22

[52] 邱彤. 可持续发展研究及其在能源系统中的应用 [D]. 清华大学博士学位论文，2000

[53] 车卉淳. 西方可持续发展理论与中国经济可持续发展的对策研究 [D]. 中国人民大学博士学位论文，2002

[54] (日)滨川圭弘，西川炜一等. 能源环境学 [M]. 北京：科学出版社，2003

[55] (日)不破敬一郎. 地球环境手册 [M]. 北京：中国环境科学出版社，1995

[56] Marshall，A. *Principles of economics* [M]. London：Macmillan，8th edn，1920

[57] (美)保罗·A·萨缪尔森，威廉·D·诺德豪斯. 经济学(第 12 版) [M]. 北京：中国发展出版社，1992

[58] (美)斯蒂格利茨. 经济学 [M]. 北京：中国人民大学出版社，1998

[59] 兰德尔. 资源经济学 [M]. 北京：商务印书馆，1989

[60] Buchanan，J. M. and Stubblebine，W. E. Externality [J]. *Economic*，1962 (11)：371

[61] (美)威廉·J·鲍莫尔，华莱士·E·奥茨. 环境经济理论与政策设计(第二版) [M]. 北京：经济科学出版社，2003

[62] 沈满洪，何灵巧. 外部性的分类及外部性理论的演化 [J]. 浙江大学学报(人文社会科学版)，2002(1)：152～160

[63] 厉以宁，吴易风，李链. 西方福利经济学述评 [M]. 北京：商务印书馆，1984

[64] 沈满洪. 环境经济手段研究 [M]. 北京：中国环境科学出版社，2003

[65] 王冰，杨虎涛. 论正外部性内在化的途径与绩效 [J]. 东南学术，2002(6)：158～165

[66] (美)丹尼斯·缪勒. 公共选择 [M]. 北京：商务印书馆，1992

[67] Buchanan James M. Social choice，democracy and free markets [J]. *Journal of Political Economy*，1954(1)：114～123

[68] Buchanan James M. Individual choice in voting and the market [J]. *Journal of Political Economy*，1954(3)：334～343

[69] Downs Anthony. *An economic theory of democracy* [M]. New York：Harper and

Bros.，1957

［70］ (美)詹姆斯·M·布坎南，戈登·塔洛克. 同意的计算——立宪民主的逻辑基础［M］. 北京：中国社会科学出版社，2000

［71］ (日)长谷川启之，梁小民，刘更朝. 经济政策的理论基础［M］. 北京：中国计划出版社，1995

［72］ (英)彼得·M·捷克逊. 公共部门经济学前沿问题［M］. 郭庆旺等译. 北京：中国税务出版社、北京腾图电子出版社，2000

［73］ (美)丹尼斯 C. 缪勒. 公共选择理论［M］. 杨春学等译. 北京：中国社会科学出版社，1999

［74］ Black D. The Decisions of a Committee Using a Special Majority［J］. *Econometrica*，1948(7)：245～261

［75］ Vickrey W. Utility，Strategy，and Social Decision Rules［J］. Quart. *Journal of Economics*，1960(11)：507～535

［76］ McGuire M. Private Good clubs and Public Good Clubs：Economic Models of Group Formation［J］. *Swedish Journal of Economics*，1972(1)：84～99

［77］ Tiebout，C. M. A Pure Theory of Local Expenditures［J］. *Politic Economics*，1956(10)：416～424

［78］ Niskanen，W. A. *Bureaucracy and Representative Government*［M］. Chicago：Aldine-Atherton，1971

［79］ 何谦. 寻租研究的思想及其对经济学的贡献［J］. 西安财经学院学报，2004(2)：93～96

［80］ Tinbergen J. *Economic Policies：Principles and Design*［M］. Amsterdam：North-Holland，1956

［81］ (意)尼古拉·阿克塞拉. 经济政策原理：价值与技术［M］. 郭庆旺，刘茜译. 北京：中国人民大学出版社，2001

［82］ 数据中的中国能源问题［J］. 时事资料手册，2004(2)：98

［83］ 陈和平. 节能降耗：经济可持续发展的重要一环［J］. 宏观经济管理，2002(6)：26～27

［84］ 阎长乐. 中国能源发展报告［M］. 北京：经济管理出版社，1997

［85］ 陈清泰. 中国的能源战略和政策. 涂逢祥编. 建筑节能(42)［M］. 北京：中国建筑工业出版社，2004. 1～7

［86］ 周凤起，周大地. 中国中长期能源战略［M］. 北京：中国计划出版社，1999

[87] 杨志荣，劳德容. 需求方管理(DSM)及其应用［M］. 北京：中国电力出版社，1999

[88] Alan Meier. *Toward More Efficient Energy Use Through Demand-side Management*［M］. Berkeley Lab，University of California，1996

[89] Nadel S. and Geller H. Smart Energy Policies：Saving Money and Reducing Pollutant Emissions Through Greater Energy Efficiency. Report No. E012. September 2001

[90] 刘振强. 能源需求侧管理［J］. 中国电力，1994(9)：65～68

[91] 苏珊·肯尼迪，芭芭拉·费雯俐. 美国加州如何通过DSM解决能源危机［J］. 上海电力，2004(2)：97～100

[92] Levine M. D.，Akbari H. et al. Mitigation options for human settlements. Watson，R. T.，Zinyowera M. C. and Moss R. H. *Climate Change* 1995：*The IPCC Second Assessment Report*，Vol. 2［M］. Cambridge：Cambridge University Press，1996

[93] 刘金霞. 中国建筑节能路在何方［N］. 中国经济时报，2003-11-20

[94] 朱秀亮. 建筑：97％属高能耗，节能空间大［J］. 新经济导刊，54～56

[95] 武涌. 关于充分发挥政府公共管理职能，推进建筑节能工作的思考. 涂逢祥编. 建筑节能(38)［M］. 北京：中国建筑工业出版社，2002. 3

[96] 祝根立，游广才，徐晨辉. 加快实施节能65％标准的步伐. 涂逢祥编. 建筑节能(41)［M］. 北京：中国建筑工业出版社. 2003

[97] 李佳鹏. 能源危机呼唤建筑节能大提速［N］. 经济参考报，2004-10-18

[98] 涂逢祥，王庆一. 建筑节能：中国节能战略之重［J］. 建设科技，2004(5)：13～15

[99] 陈芬，黄俊鹏. 我国建筑节能市场分析［J］. 能源技术，2004(2)：69～71

[100] 汪红蕾. 建筑节能：扎实推进全面开花［N］. 中华建筑报，2004-10-13

[101] 建设部科学技术司，建筑节能“十一五”及2020年中长期规划(初稿)

[102] 谢识予. 经济博弈论［M］. 上海：复旦大学出版社，2002

[103] 彭方平，方齐云. 房地产开发商与地方政府的博弈［J］. 价值工程，2003(5)：10～12

[104] 陈宇科. 购房过程的博弈分析［J］. 渝洲大学学报(自然科学版)，2002(4)：20～22

[105] 张维迎. 博弈论与信息经济学［M］. 上海：上海三联书店、上海人民出版社，2002

[106] 罗伯特·吉本斯. 博弈论基础 [M]. 北京：中国社会科学出版社，1999

[107] 保罗·萨缪尔森，威廉·诺德豪斯. 经济学(第17版) [M]. 北京：人民邮电出版社，2004

[108] 陈共. 财政学 [M]. 北京：中国人民大学出版社，1999

[109] 叶振鹏，张馨. 公共财政论 [M]. 北京：经济科学出版社，1999

[110] 郭庆旺，赵志耘. 财政学 [M]. 北京：中国人民大学出版社，2002

[111] 马克思，恩格斯. 马克思恩格斯全集(第19卷) [M]. 北京：人民出版社，1963

[112] 马克思，恩格斯. 马克思恩格斯全集(第4卷) [M]. 北京：人民出版社，1965

[113] 朱延福. 宏观经济学 [M]. 北京：中国统计出版社，2002

[114] 贺力平. 货币政策工具操作程序 [M]. 成都：西南财经大学出版社，1998

[115] 郭庆旺，匡小平. 税收对私人投资效应的理论分析 [J]. 东北财经大学学报，2001(5)：30～33

[116] 龙惟定，张蓓红. 美国政策的联邦能源管理计划 [J]. 暖通空调，2004(2)：5～8

[117] 张正敏，李京京，李俊峰. 美国可再生能源政策 [J]. 中国能源，1999(6)：9～13

[118] 龙惟定. 试论建筑节能的新观念 [J]. 暖通空调，1999(1)：31～35

[119] 美国及加州建筑节能工作的开展 [J]. 节能与环保，2003(11)：21

[120] 美国建筑节能的做法 [J]. 墙材与建筑装饰，2003(3)：29～30

[121] 张平. 英国提高能源效率的政策取向 [J]. 中国能源，2001(2)：31～32

[122] 浙江省赴英节能技术考察组. 英国能源发展政策与启示 [J]. 浙江经济，2000(12)：51～53

[123] 王子介. 法国的建筑节能法规 [J]. 暖通空调，1995(4)：36～38

[124] 法国：引导居民节电发展建筑节能，http：//topenergy. org

[125] 吴中华. 日本的能源战略与对策 [J]. 全球经济瞭望，1999(7)：6～7

[126] 罗泽雄. 日本石油替代能源政策浅析 [J]. 南开经济研究，1994(2)：57～63

[127] 国家经贸委. 发达国家可再生能源政策及启示 [J]. 中国经济信息，2001(1)：34～35

[128] 各国节能优惠政策，http：//topenergy. org

[129] 王立雄. 建筑节能 [M]. 北京：中国建筑工业出版社，2004

[130] 李庆福. 建筑节能技术措施分析 [J]. 工业建筑，2001(7)：1～3

[131] 马眷荣. 建筑玻璃的节能发展方向 [J]. 中国建材科技，2000(4)：12～16

[132] 董琼，项旭东. 新型节能门窗及配套技术 [J]. 中国建筑金属结构，2003(10)：22～26

[133] 谢浩，许宇龙，张伦琳. 建筑节能问题 [J]. 住宅科技，2000(12)：31～34

[134] 王生龙，李谦，孙建祥. 采暖形式与节能问题的探索 [J]. 节能技术，2002(3)：22～24

[135] 陈焰华，祁传斌. 住宅建筑空调方式的设计选择 [J]. 暖通空调，2001(4)：29～32

[136] 重庆“天奇花园”节能示范工程综合报告，2000

[137] 左现广，唐鸣放等.“天奇花园”节能测试分析与思考 [J]. 住宅科技，2003(1)：35～37

[138] 万成粮，张子良. 济南泉景·四季花园节能住宅小区 [M]. 涂逢祥编. 建筑节能(42) [M]. 北京：中国建筑工业出版社，2004

[139] 成都“锦西民园”节能示范工程总结报告，2004

[140] 建设部标准定额研究所. 建设项目经济评价参数研究 [M]. 北京：中国计划出版社，2004

后　　记

本书是在笔者博士学位毕业论文的基础上修改而成的。

作为一切动力之源，能源在人类生产和生活中占据重要的地位。但是，粗放式、掠夺式的经济增长方式使得能源短缺以及由能源消耗带来的环境污染成为当前经济和社会发展的重要障碍。为了改善人类的生存环境，实现人与自然的和谐统一，世界各国均将可持续发展作为自身的行动纲领，并将解决能源和环境问题纳入到首要议程，且一致认为减少能源消耗、提高能源效率和开发利用新能源的节能战略是解决能源问题的重要举措。由于建筑物既是能源和资源的主要消耗者，又是环境污染的主要排放源，因此，有利于节约能源、减少污染的建筑节能成为全球普遍关注的焦点，同时也成为实现社会、经济和生态可持续发展的根本途径。中国的建筑节能工作进展缓慢，建筑节能市场尚未健全和完善，亟待政府以政策指导和宏观调控的方式协助其步入正轨。本书正是在这样的背景下对中国能耗和建筑节能展开研究，其目的旨在为政府制定行之有效的节能政策提供理论依据和实例论证，以推动中国节能战略的实施，加快节能工作的步伐，促进能源可持续发展目标的早日实现。

建筑节能是一项十分复杂的任务，需要节能政策和节能技术的有效配合，同时要求各个部门、各个环节同时行动才能达到预期的目标，而本书内容着重于理论研究，未能将节能战略实施过程中可能遇到的问题一一考虑，因此，仅起到抛砖引玉的作用，希望能和对此感兴趣的学者共同进行后续研究。由于笔者学识和精力有限，书中难免会有不妥之处，恳请诸位读者不吝赐教。

在本书的撰写过程中，参阅了大量的文献资料，并得到了很多人的帮助。在此，首先向尊敬的导师刘长滨教授表示我衷心的感谢和崇高的敬意。刘教授为本书的完成倾注了大量的心血，不断给予我鞭策和鼓励，他的那种厚德载物、自强不息的精神将永远激励着我积极奋进。

北京交通大学的刘伊生教授、张文杰教授和詹荷生教授，清华大学的朱嫣教授、中国人民大学的严金明教授、哈尔滨工业大学的西宝教授和李忠富教授等都对本书的撰写提出了很多中肯的建议，在此深表感谢。他们渊博的学识、严谨的治学态度和平易近人的学者风范令我受益终生。

非常感谢建设部科技司、建筑节能中心以及诸位师兄弟的帮助，他们为本书的撰写提供了许多重要的资料和宝贵的意见。

最后，特别要感谢家人对我的帮助和支持。多年来，我的父母和爱人王永慧一直给予我支持、鼓励和无微不至的关怀，感谢我的亲人们所给予的关爱、理解和奉献！

作　者

2006 年 7 月于北京